AF502927

TABLES DE COMPARAISON

DES

MESURES, POIDS ET MONNAIES

Anciens & Modernes

DES

PRINCIPALES VILLES COMMERCIALES

ET DES PLUS

IMPORTANTES NATIONS DU MONDE

ÉGALEMENT COMPARÉES

Avec le Système Métrique moderne

Recueillies et publiées

PAR

H. CAVALLI

MARSEILLE
IMPRIMERIE COMMERCIALE J. DOUCET
7, RUE MOUSTIER, 7

1870

TABLES DE COMPARAISON

DES

MESURES, POIDS ET MONNAIES

Anciens & Modernes

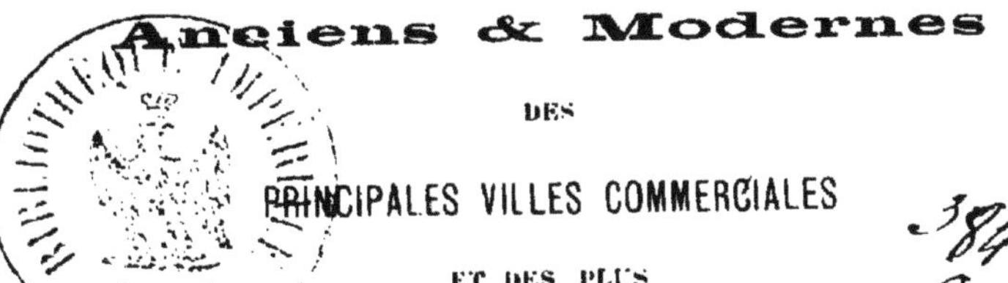

DES

PRINCIPALES VILLES COMMERCIALES

ET DES PLUS

IMPORTANTES NATIONS DU MONDE

ÉGALEMENT COMPARÉES

Avec le Système Métrique moderne

PAR

H. CAVALLI

MARSEILLE

IMPRIMERIE COMMERCIALE J. DOUCET

7, RUE MOUSTIER, 7

1869

A M. le Baron Adolphe de Rothschild.

Monsieur le Baron,

J'ai pris la liberté de vous dédier ce modeste travail, sans avoir préalablement sollicité auprès de vous cet honneur.

J'ose cependant espérer que le sentiment de ma profonde et vive reconnaissance pour votre illustre famille atténuera la hardiesse d'une démarche dont rien ne saurait faire suspecter le désintéressement et la parfaite sincérité. Permettez-moi donc, Monsieur le Baron, de rendre ici un humble hommage à la grande et généreuse famille qui ne cessa de soulager tant d'infortunes en faisant le plus noble usage de ses richesses, fruit précieux d'une rare intelligence et d'une honnêteté proverbiale.

Qu'il me soit en même temps permis de payer, à cette même place, une dette sacrée de reconnaissance à la chère mémoire de votre regretté père, le baron James de Rotschild ; le souvenir de ses bienfaits ne s'effacera jamais du cœur de tous ceux qui ne firent jamais un vain appel à ses généreux sentiments. Les Lettres, les Sciences et les Arts, qu'il protégea avec une sollicitude toute particulière, trouvèrent en lui un nouveau Mécène, qui sut se rendre digne de ce nom et dont les sentiments nobles et élevés servirent toujours d'exemple aux grands et aux privilégiés de la fortune, en même temps qu'ils encourageaient le pauvre dans les luttes et les déceptions ordinaires de la vie.

J'ai l'honneur d'être, Monsieur le Baron,

Avec un profond respect,

Votre très humble et très obéissant serviteur

Hercule CAVALLI.

INTRODUCTION

La base fondamentale du nouveau système de mesures inventé par des géomètres français à la fin du dernier siècle et adopté par les nations les plus éclairées de l'Europe, est la longueur du cadran-méridien terrestre évaluée à 5,130,740 toises françaises (1).

La dix millionnième partie de ce cadran forme le mètre légal, dont la longueur est de 0 toises, 513,074, soit 3 pieds, 6 pouces, 11 lignes, 296 (2).

Le mètre est divisé en 10 parties égales appelées

(1) La toise française est de 6 pieds parisiens. Chaque pied mesure 12 pouces, le pouce 12 lignes et la ligne 12 points.

(2) Lorsque des raisons de toute urgence déterminèrent le gouvernement français à adopter de préférence cette mesure de longueur, les opérations faites par les célèbres astronomes Delambre et Méchain, dans la mesure de l'arc méridien entre Dunkerque et Barcelone, n'avaient pas encore été entièrement calculées. La comparaison du degré du Pérou, mesuré par les célèbres Bouguer et Condamine, avec les calculs des susdites opérations et avec les mesures de Barcelone prolongées jusqu'à l'île Formentara, étant bien réglée, il fut reconnu que la longueur du cadran méridien terrestre, entre le pôle Boréal et l'Equateur, devait être réduite à toises 5130738,469537. La dix millionnième partie de cette longueur représente un mètre astronomique de 3 pieds 0 pouces, et de 112,958 lignes. La différence entre ce méridien et le mètre légal est à peine de 0,000,132 d'une ligne.

décimètres; le décimètre en 10 centimètres et le centimètre en 10 millimètres.

Les mots dérivés du latin *deci*, *centi*, *milli*, indiquent les sous-multiples décimaux d'une unité donnée. Les multiples décadiques de l'unité sont indiqués par les mots dérivés du grec :

Déca,	qui signifie	10	fois.
Hecto,	—	100	—
Kilo,	—	1000	—
Myria.	—	10000	—

Quelques-uns des multiples du mètre sus énoncés sont indiqués par les dénominations suivantes :

Décamètre,	qui signifie	10	mètres.
Hectomètre,	—	100	—
Kilomètre,	—	1000	—
Myriamètre,	—	10000	—

Il résulte des rapports très étroits entre le mètre et les unités de mesure de différentes grandeurs.

En effet, avec le mètre linéaire, on forme le mètre carré, qui forme une superficie d'un mètre de longueur et de largeur.

Le mètre carré, unité des mesures de superficie, est divisé en 100 décimètres carrés; le décimètre carré, en 100 centimètres carrés; le centimètre carré, en 100 millimètres carrés.

L'unité des mesures agraires est le décamètre carré appelé ARE : il se divise en 100 centiares ou mètres carrés; le centiare, en 100 décimilliares ou décimètres carrés ; le décimilliare. en 100 millionésimares ou centimètres carrés.

Les multiples des ares sont :

L'hectare ou hectomètre carré. . . 100 ares.
Le myriamètre ou kilomètre carré. 10000 —

Le mètre cube (solide ayant la forme d'un dé, chaque côté mesurant un mètre) est l'unité des volumes et de la capacité des corps. Le mètre cube est divisé en 1,000 décimètres cubes, le décimètre cube en 1,000 centimètres cubes et le centimètre cube en 1,000 millimètres cubes.

Quand le mètre cube sert à mesurer les bois de construction ou les bois à brûler, on le nomme STÈRE, divisé en 1,000 millimètres équivalent chacun à un décimètre cube

Le volume des liquides, blés ou autres matières sèches, a pour unité de mesure le décimètre cube appelé LITRE et divisé en 10 décilitres. Le décilitre se divise en 10 centilitres, et le centilitre en 10 millilitres. Le volume d'un millilitre est celui d'un centimètre cube.

Les multiples du litre sont :

Le décalitre.........	10	litres.
L'hectolitre..........	100	—
Le kilolitre.........	1000	—
Le myrialitre........	10000	—

Le poids d'un centimètre cube d'eau distillée et réduite à sa plus grande densité, pesée dans le vide, constitue la nouvelle unité des poids appelée GRAMME.

Le gramme se divise en 10 décigrammes, le décigramme en 10 centigrammes, le centigramme en 10 milligrammes : le milligramme est le poids d'un millimètre cube d'eau distillée.

Les multiples du gramme sont :

Le décagramme...............	10	grammes.
L'hectogramme...............	100	—
Le kilogramme (Poids d'un décimètre cube d'eau distillée.)	1000	—
Le myriagramme............	10000	—
Le quintal métrique..........	100000	—
Le tonneau métriq. (Poids d'un mètre cube d'eau distillée.)	1000000	—
	(1000 kilogrammes.)	

La nouvelle unité des monnaies est le FRANC, composé de 9/10 d'argent très pur et de 1/10 de cuivre. Il pèse 5 grammes, ce qui prouve les rapports entre le mètre linéaire et le franc considéré comme corps pesant.

Les monnaies en or du nouveau système métrique se composent de 9/10 d'or très pur et de 1/10 de cuivre.

Il résulte de ce que nous venons d'écrire :

1° Qu'à la formation des multiples et sous-multiples des principales unités du système métrique (le mètre, l'are, le stère, le gramme et le franc) ne concourent que des nombres décadiques :

2° Que du mètre dépendent toutes les autres unités du système, et qu'ainsi, une de ces unités étant donnée, on peut déterminer la valeur des autres.

3° Que les bases fondamentales et inaltérables du système métrique sont la circonférence du méridien terrestre et le poids de l'eau distillée réduite dans le vide à son plus haut degré de densité. Des prérogatives aussi précieuses ne se trouvent pas dans les autres systèmes de mesures, et tout l'honnneur appartient à la France, qui en a fait les recherches et l'application.

Le tableau suivant présente la nomenclature des mesures métriques françaises :

MESURES LINÉAIRES

Myriamètre ou lieue métrique..	10 kilomètres.
Kilomètre ou mille métrique....	1000 mètres.
Hectomètre..................	100 —
Décamètre..................	10 —
Mètre......................	1
Décimètre..................	0 1
Centimètre..................	0 01
Millimètre..................	0 001

MESURES DE SUPERFICIE

Myriare ou kilomètre carré.....	10000 ares.
Hectare ou hectomètre carré....	100 —
Are ou décamètre carré........	10 m. carrés.
Centiare ou mètre carré	1 —
Décimètre carré	0 1
Centimètre carré	0 01
Millimètre carré	0 001

MESURES DE VOLUME

Décastère..................	10 mètres cubes.
Stère ou mètre cube...........	1 —
Millistère ou décimètre cube	0 1
Centimètre cube	0 01
Millimètre cube...............	0 001

MESURES DE CAPACITÉ

Myrialitre	10000	litres.
Kilolitre	1000	—
Hectolitre	100	—
Décalitre	10	—
Litre	1	—
Décilitre	0 1	
Centilitre	0 01	
Millilitre	0 001	

MESURES DE POIDS

Tonneau métrique	1000000	gram.
Quintal métrique	100000	—
Myriagramme	10000	—
Kilogramme	1000	—
Hectogramme	100	—
Décagramme	10	—
Gramme	1	—
Décigramme	0 1	
Centigramme	0 01	
Milligramme	0 001	

MONNAIES

Franc	100	centimes.
Décime	10	—
Centime	1	—
Millième	0 01	

TABLES DE COMPARAISON

DES

MESURES, POIDS & MONNAIES

ANCIENS & MODERNES

MESURES LINÉAIRES MODERNES

TABLEAU Ier

VILLES ET PAYS	Mètres.	Décimètres.	Centimètres.	Millimètres.
Abo (*Russie*). Comme St-Pétersbourg.				
Abyssinie. Pik ou pied	0	6	8	5
Abuker (*Perse*). Guz ou coudée royale	0	9	5	5
— coudée ordinaire	0	6	3	6
Acapulco (*Mexique*). Voir Madrid.				
Achem (*Ile de Sumatra*). Aune ou etto	0	4	6	7
Deppe	1	7	0	0
Acre (*St-Jean-d'*) (*Syrie*). Aune ou pik	0	6	7	7
Aix de Provence. Pied	0	2	7	3
Alep (*Syrie*). Pick ou pekis	0	6	7	6
Draa Stambuli ou aune	0	6	4	7
Draa Masre	0	5	5	4
Alexandrie (*Egypte*). Pied	0	3	5	8
Pekis	0	6	8	0
Alexandrie (*Italie*). Mesures anciennes.				
Pied de 12 onces	0	4	7	6
Bras long pour laines	0	6	6	6
Bras court pour soie	0	5	2	9
(Mesures nouvelles, voir Italie)				
Alger. Pik turc de 8 robs	0	6	3	3
Pik pour les marchandises	0	6	4	0
Pik arabe pour les toiles	0	4	8	0
(Mesures nouvelles, voir France.)				
Alicante. Palme	0	1	8	0
Vara de 4 palmes	0	9	0	5
Altemberg (*Saxe*). Voir Leipsig.				

VILLES ET PAYS	Mètres.	Décimètres.	Centimètres.	Millimètres.
Altenbourg (*Allemagne, Duché*). Pied de 12 pouces...	0	2	8	2
Aune de 2 pieds......	0	5	6	5
Amboine (*Asie, Indes Orientales*). Covid	4	6	0	0
Amsterdam. Pied..................................	0	2	8	3
Aune ancienne.....	0	6	8	7
Elle ou aune moderne de 10 palmes, 100 duines, de 1000 streeps..............	1	0	0	0
Ancone (*Italie*). Bras	0	6	4	3
Pied	0	3	9	0
Adrianople. Comme Constantinople.				
Anhalt (*Allemagne, Duché*). Aune de Kœthen	0	6	3	5
(Mesures nouvelles, voir Prusse.)				
Anvers. Pied de 10 pouces	0	2	8	5
Aune pour les laines......................	0	6	8	4
Aune pour la soie	0	6	9	4
(Mesures nouvelles, voir Belgique.)				
Appenzel (*Suisse*). Pied	0	3	0	6
Aune pour les laines	0	6	0	9
Aune pour les toiles	0	7	1	1
Aquisgrana. Pied	0	2	8	9
Aune ou bras;......................	0	6	6	9
Arau (*Suisse*). Aune...................	0	5	9	3
(Mesures nouvelles. voir Suisse.)				
Argovie. (voir Suisse).				
Assomption (*Paraguay*). Vara..................	0	8	5	0
Astracan. Comme St-Pétersbourg.				

VILLES ET PAYS	Mètres.	Décimètres.	Centimètres.	Millimètres.
Athènes (*Grèce*). Nouveau piki royal, de 10 palmes (décimètres), 10 pouces, 10 lignes	1	0	0	0
Ancien petit piki	0	6	4	8
— grand piki turc...........	0	6	6	9
— piki pour les maçons et les arpenteurs.....	0	7	5	0
Augsbourg. Pied	0	2	9	6
Grande aune	0	6	0	9
Petite aune..........................	0	5	9	2
Autriche . (Voir Vienne.)				
Baden (*Grand-Duché*). Voir Carlsrhue.				
Bahia (*Brésil*). Voir Lisbonne.				
Baltimore (*Etats-Unis d'Amérique*). Voir Londres.				
Bamberg (*Bavière*). Comme Munich.				
Bankok (*Siam, Asie*). Fathom de 8 spans	1	9	8	4
Bâle (*Suisse*). Pied	0	2	9	9
Aune	0	5	4	4
(Mesures nouvelles, voir Suisse.)				
Barcelone. Canne de 8 palmes	1	5	5	2
Batavia (*dans l'île de Java*). Voir Amsterdam.				
Bavière. (Voir Munich.)				
Belgrade (*Servie*). Arschine turque....	0	7	1	1
Belgique. Elle ou aune depuis 1816	1	0	0	0
Bengale. (Voir Calcutta).				
Bergen (*Norvège*). Aune de 2 pieds.................	0	5	9	5
Berlin. Pied..........................	0	3	1	3
Aune ou bras	0	6	6	6
Berne (*Suisse*). Pied ancien	0	2	9	3
Aune ou bras ancien	0	5	4	1
(Mesures nouvelles, voir Suisse.)				

VILLES ET PAYS	Mètres.	Décimètres.	Centimètres.	Millimètres.
Betelfaki (*Arabie*) Covid	0	4	5	7
Guz	0	6	3	5
Birman (*Empire Asie*) Voir Rangoun	0	4	2	3
Boulogne (*Italie*). Bras	0	6	4	0
Bombay. Ady ou pied	0	2	6	5
Hath de 16 tussoos	0	4	5	7
Guz	0	6	8	5
Boston. (Voir Londres).				
Brésil. (Voir Lisbonne).				
Brême. Pied de 12 pouces	0	2	8	9
Brescia (*Italie*). Bras pour la soie	0	6	4	0
Brunswich. Pied de 12 pouces	0	2	8	5
Aune de 2 pieds	0	5	7	0
Bruxelles. Aune ancienne	0	6	9	6
Aune nouvelle depuis 1816	1	0	0	0
Bucharest (*Valachie*). Halibin ou aune pour les draps	0	7	0	1
Endèse ou aune pour les toiles	0	6	6	2
Buenos-Ayres (*Amérique*). Voir Madrid.				
Cadix. Pied	0	2	8	3
Vara	0	8	3	5
Cagliari (*Ile de Sardaigne*). Palme	0	2	0	2
Palme de Sardaigne	0	2	4	8
Aune ou ruso	0	5	9	4
Caire (voir Egypte)				
Calcutta. Covid de 2 pans	0	4	4	7
Guz	0	9	1	4
Bras de 4 Covid	1	7	8	8
Calicut (*Malabar, Indes Orientales*). Guz ou bras	0	7	2	1

VILLES ET PAYS	Mètres.	Décimètres.	Centimètres.	Millimètres.
Canada (voir Londres).				
Canaries (*Iles*). Voir Madrid.				
Canton (*Indes*). Covid de 10 pans	0	3	7	1
Pied pour les marchandises.......	0	3	3	8
Cap-de-Bonne-Espérance (voir Londres).				
Caracas (*République de Venezuela*). Voir Madrid.				
Carlsrhue. Pied nouveau	0	3	0	0
Aune ou elle de 2 pieds	0	6	0	0
Carrara (*Italie, Toscane*). Pieds de 12 parties	0	2	9	3
Palme pour les marbres	0	2	4	9
Bras marchand	0	6	1	9
Cassel (*Hesse-Electorale*). Pieds	0	2	8	5
Aune	0	5	6	2
Perche de 14 pieds	3	9	9	0
Ceylan (*Ile, Indes Orientales*). Covid ancien	0	4	7	0
(Mesures nouvelles, voir Londres.)				
Chili. (Mesures anciennes, comme Madrid).				
(Mesures nouvelles. système métrique français.)				
Chine (*Empire, Asie*). Tché pied de 10 thsun (doigts)	0	3	1	9
Pou ou pas de 5 pieds	1	5	9	8
Tchang, perche de 10 pieds..	3	1	9	6
Christiania. (Voir Copenhague.)				
Clèves. Pied	0	2	9	5
Coblentz. Aune	0	5	5	9
Cologne (*Prusse, Rhénane*) Pied.....................	0	2	7	5
Aune ou bras long.......	0	6	9	4
Aune ou bras court......	0	5	7	4
Copenhague (*Danemark*). Pied de 12 parties....... .	0	3	1	3
Aune ou bras de 2 pieds....	0	6	2	7
Faon ou toise de 6 pieds....	1	8	8	3
Ruth ou perche de 10 pieds.	3	1	3	8

VILLES ET PAYS	Mètres.	Décimètres.	Centimètres.	Millimètres.
Corfou. Mesures anciennes. (Comme Venise).				
(Mesures nouvelles, voir Grèce.)				
Coromandel (Indes Orientales) Covid............	0	4	5	7
Corse. Masse pour les maçons..................	0	1	2	4
Constantinople. Grand pik, halebi ou archim.......	0	6	6	9
Petit pik, draastambuli pour les marchandises.................	0	6	4	7
Constance (Duché de Baden). Aune................	0	6	9	0
Cracovie (Ancienne Pologne. Autriche). Pied ordinaire.	0	3	5	6
Bras long....	0	6	1	6
Petit bras....	0	5	6	5
(Mesures nouvelles, voir Autriche.)				
Cremone (Italie). Ancien bras pour marchandises ..	0	5	9	4
Cuba (Ile). Comme Madrid.				
Dalmatie. Aune ou bras........................	0	5	1	3
(Mesures nouvelles, comme Autriche.)				
Damas (Syrie). Pik............................	0	5	8	2
Danemark. (Voir Copenhague).				
Dantzick (Prusse). Pied........................	0	2	8	6
Aune ou bras de 2 pieds........	0	5	7	3
Darmstad. Pied de 12 pouces......................	0	3	0	0
Aune de 2 pieds.....................	0	6	0	0
Toise de 100 pouces.................	2	5	0	0
Dresde (Saxe). Pied...........................	0	2	8	3
Elle ou bras....................	0	5	6	4
Drontheim (Norvège). Comme Copenhague.				

VILLES ET PAYS	Mètres.	Décimètres.	Centimètres.	Millimètres.
Dublin (*Irlande*). Voir Londres.				
Ecosse. Elwand ou aune ancienne	0	9	4	5
(Mesures nouvelles, voir Londres.)				
Egypte. Pik pour les laines et les soies	0	6	8	0
Erfurt (*Prusse*). Pied	0	2	8	2
Espagne. (Voir Madrid).				
Etats-Unis. (Voir Londres).				
Ferrara (*Italie*). Pied	0	4	0	3
Bras pour la soie	0	6	3	4
Flandre (*Belgique*). Elle depuis 1816	1	0	0	0
Filadelphie (*Etats-Unis d'Amérique*). Comme Londres.				
Fiume (*Empire d'Autriche*). Comme Vienne.				
Florence. Bras ancien	0	5	8	3
Perche pour les terrains de 5 bras	2	9	1	8
(Mesures nouvelles, voir Italie.)				
France. (Voir Paris).				
Francfort sur le Mein. Pied	0	2	8	6
Aune ou bras	0	5	3	9
Francfort (*sur l'Oder. Prusse*). Aune	0	6	6	4
(Mesures modernes, comme Berlin.)				
Fribourg (*Suisse*). Pied	0	2	9	3
Aune ou stab	1	0	6	9
(Mesures nouvelles, voir Suisse).				
Garmon (*Perse*). Guz	0	9	8	3
Gand (*Belgique*). Pied ancien	0	2	7	5

VILLES ET PAYS	Mètres.	Décimètres.	Centimètres.	Millimètres.
Gènes (*Italie*). Palme de 12 onces	0	2	4	8
Canne de 10 palmes	2	4	8	0
Canelles de 12 palmes	2	9	7	6
Genève (*Suisse*). Pied	0	4	5	7
Aune du pays	1	1	4	5
Aune française	1	1	8	8
(Mesures nouvelles, voir Suisse)				
Ghinée (*Afrique*). Comme Londres.				
Gibraltar. (Voir Londres et Espagne).				
Glaris. (Voir Suisse).				
Glascow (*Ecosse*). Voir Londres.				
Goa (*Côte de Malabar*) Voir Lisbonne.				
Gotha Duché, Allemagne). Pied	0	2	8	7
Aune ou bras	0	5	6	5
Gottinge (*Allemagne*). Pied	0	2	9	1
Grèce. (Voir Athènes).				
Guatemala (*Etats-Unis d'Amérique*). Comme Cadix.				
Haïti (*ou Saint-Domingue, Antilles*). Comme Paris.				
Halifax (*Amérique Septentrionale*). Comme Londres.				
Hambourg. Pied de 3 palmes de 12 pouces	0	2	8	6
Aune de 2 pieds	0	5	7	2
Toise de 6 pieds	1	7	1	8
Hanôvre. Pied de 12 pouces	0	2	9	1
Aune de 2 pieds	0	5	8	2
Toise de 6 pieds	1	7	4	6
Ruthe ou perche de 16 pouces	4	6	5	6
Hall (*Saxe*). Pied	0	2	9	7
Havane (*Ile de Cuba, Antilles*). Comme Madrid.				

VILLES ET PAYS		Mètres.	Décimètres.	Centimètres.	Millimètres.
Heidelberg (*Bade*).	Pied de ville	0	3	0	3
	Pied des ouvriers	0	2	7	9
	Aune	0	5	5	8
Hesse-Electorale (voir Cassel).					
Hong-Kong (*Indes Orientales*). Voir Canton.					
Hongrie. (Voir Vienne.)					
Hollande. (Voir Amsterdam).					
Inspruch (*Tyrol, Autriche*).	Pied	0	3	1	7
Ile Maurice (*ou de France*). Comme Paris.					
Iles Azorres. (Voir Lisbonne).					
Iles Philipines. Comme Madrid.					
Iles Ioniennes (*Grèce*). Mesures anciennes, comme Venise.					
(Mesures nouvelles, voir Grèce.)					
Italie. Mesures nouvelles depuis 1859 (pour toute l'Italie..	Mètre	1	0	0	0
	Décamètre	10	0	0	0
	Hectomètre	100	0	0	0
Jamaïque (*Ile*). Comme Londres.					
Kœnigberg (*Prusse*). Comme Dantzik.					
Lauzanne. (Voir Suisse).					
Leipzick (*Saxe*).	Pied de 12 pouces	0	2	8	2
	Aune de 2 pieds	0	5	6	5
Lemberg (*Gallicie Autrichienne*). Voir Vienne.					
Leyden (*Allemagne*).	Pied de Rhin de 12 pouces	0	3	1	3
Liége. (Voir Bruxelles).					
Lima (*Pérou*). Comme Madrid.					
Lippe (*Principauté d'Allemagne*).	Pied de 12 pouces	0	2	8	9
	Elle ou bras	0	5	7	9

VILLES ET PAYS	Mètres.	Décimètres.	Centimètres.	Millimètres.
Lisbonne. Palme craveira	0	2	1	9
Pied de 12 pouces	0	3	2	8
Palme du Limita	0	1	9	9
Covado de 3 craveira	0	6	5	7
Vara de 5 craveira	1	0	9	5
Bras de 2 Varas	2	1	9	0
Pas géométrique de 5 pieds	1	6	4	2
Liverpool (*Angleterre*). Voir Londres.				
Livourne (*Italie, ancienne Toscane*). Comme Florence.				
Londres. Pied de 12 pouces (144 lignes)	0	3	0	4
Yard impérial de 3 pieds	0	9	1	4
Fathom de 2 yards	1	8	2	8
Pole ou perche de 5 1/2 yards	5	0	2	9
Lubeck (*Allemagne*). Pied	0	2	8	8
Aune de 2 pieds	0	5	7	6
Lucerne (*Suisse*). Pied	0	3	1	3
Aune ou bras	0	6	2	7
(Mesures nouvelles, voir Suisse.)				
Lugan (*Suisse, canton du Tessin*). Bras long	0	6	5	9
Bras court	0	5	3	5
(Mesures nouvelles, voir Suisse.)				
Luxembourg. (Voir Amsterdam).				
Macao (*Indes-Orientales*). Comme Canton.				
Madère (*île*). Comme Lisbonne.				
Madras (*Indes-Orientales*). Covid	0	4	5	7
Madrid. Palme de 12 doigts	0	2	0	8
Pied de 12 pouces	0	2	7	8
Vara de 4 palmes de 3 pieds	0	8	3	4
Estadal ou toise de 2 varas	1	6	5	9
Malaga (Voir Madrid).				

VILLES ET PAYS	Mètres.	Décimètres.	Centimètres.	Millimètres.
Martinique. **Aune ancienne**	1	1	9	1
(Mesures nouvelles, voir France.)				
Mayence (***Prusse***). Pied ancien	0	3	0	1
(Mesures nouvelles, voir Darmstadt.)				
Malte (***ile***). Palme	0	2	6	0
Canne de 8 palmes	2	0	8	6
Manheim (***grand-duché de Bade***). Pied	0	2	9	0
Aune ou bras	0	5	3	9
Manille (***iles Philippines***) Comme Madrid.				
Mantoue (***Italie***). **Bras commerçant**	0	6	3	7
Maroc (***Afrique, empire du***). Pik mauresque	0	6	6	1
Covid	0	5	0	4
Caléc	0	5	1	6
Canne	1	7	1	5
Marseille. **Palme ancienne ou pan**	0	2	5	1
Canne de 8 pans	2	0	1	3
Aune ancienne	1	2	0	0
Meinungen (***Allemagne***). Comme Gotha.				
Mecklembourg-Schwerin (***Allemagne, duché***). Pied	0	2	8	7
Melborne (***Australie***). Comme Londres.				
Mexique (***Amérique, république du***). Comme Madrid.				
Milan (***Italie***). Pied pour les terrains	0	4	3	5
Bras pour les marchandises de 12 onces	0	5	9	4
Moka (***Arabie***). Covid	0	4	8	4
Guz	0	6	3	5
Moldavie. (Comme Bucarest).				
Montevideo (***Amérique du Sud***). Comme Madrid.				
Montpellier (***France***). Palme	0	2	5	1
Canne de 8 palmes	2	0	1	3
Montréal (***Amérique du Nord***). Comme Londres.				

VILLES ET PAYS	Mètres.	Décimètres.	Centimètres.	Millimètres.
Moravie (*Autriche*). Pied	0	2	9	5
Klafter ou toise de 6 pieds	1	7	7	5
Elle ou bras	0	7	9	0
Moscou (*Russie*). Pied	0	3	3	4
Munich (*Bavière*). Pied	0	2	9	1
Elle ou aune	0	8	3	5
Mysore (*Indes-Orientales*). Gujab ou bras	0	9	7	7
Naples. Palme de 12 parties	0	2	6	2
Canne de 8 palmes	2	0	9	6
Pas de 7 1/2 palmes	1	9	6	5
(Mesures nouvelles, comme Italie.)				
Nassau (*Allemagne, duché de*). Pied de 12 pouces	0	5	0	0
Perche de 10 pieds	5	0	0	0
Neufchâtel (*Suisse*). Pied	0	2	9	3
Aune	1	1	1	1
Nienburg. (Voir Hanôvre)				
Nimes Palme	0	2	4	6
Canne de 8 palmes	1	9	7	0
Nice (*Provence*). Pied ou pan de 12 pouces	0	2	6	4
Aune ou Raso	0	6	5	9
(Mesures nouvelles, voir Paris.)				
Norwége. (Comme Danemark).				
New-York (*Amérique du Nord*). Comme Londres.				
Nuremberg (*Allemagne*) Pied	0	3	0	3
Oldenbourg (*Allemagne, duché d'*). Pied de 12 pouces.	0	2	9	5
Newcastle (*Angleterre*). Voir Londres.				
Oporto (*Portugal*). Comme Lisbonne.				
Oran (*Algérie*). Pik	0	6	8	6

VILLES ET PAYS	Mètres.	Décimètres.	Centimètres.	Millimètres.
Osnabruk (*Allemagne*). Pied	0	2	7	9
Palerme (*Sicile*). Pied sicilien	0	2	6	2
Canne ou bras de 8 palmes	2	0	9	6
Paris. Pied ancien du Roy ou pied Parisien de 12 pouces de 144 lignes	0	3	2	4
Toise de 6 pieds	1	9	4	9
Aune ou bras marchand	1	1	8	8
Mesures nouvelles : Mètre	1	0	0	0
Décamètre (10 mètres)	10	0	0	0
Hectomètre (10 décamètres ou 100 mètres)	100	0	0	0
Patras (*Grèce*). Pik	0	6	3	5
Patna (*Indes Orientales*). Guz pour draps ordinaires	0	8	3	8
Guz pour draps fins	1	0	7	9
Pekin. (Voir Chine).				
Perse (*Asie*). Guerze royale ou monkelzer	0	7	1	6
Guerze ordinaire	0	6	3	0
Seiah archine	0	8	0	0
Arisch archine	0	9	7	2
Pérou (*Amérique du Sud*). Comme Madrid.				
Piémont (Voir Turin).				
Pétersbourg (*Saint-*) (*Russie*). Pied de 12 pouces	0	3	4	9
Pied anglo russe de 12 pouces	0	3	0	4
Pied de Pétersboug de 12 pouces	0	5	3	8
Arschine ou aune russe de 16 werschoks	0	7	1	1
Serschina ou toise russe de 3 arschines	2	1	3	3
Pologne. (Voir Varsovie).				
Pondichéry. Covid	0	4	5	7
Portugal. (Voir Lisbonne).				
Porto-Ricco (*Antilles*). comme Madrid.				

VILLES ET PAYS	Mètres.	Décimètres.	Centimètres.	Millimètres.
Prague (*Bohême*). Pied de Bohême	0	2	9	6
Aune ou bras	0	5	9	3
(Mesures nouvelles, voir Autriche.)				
Presbourg (*Hongrie*). Aune ou bras	0	5	4	9
Prusse. (Voir Berlin).				
Quebech (*Amérique du Nord*). Comme Londres.				
Ragusi (*Dalmatie*). Aune ou bras	0	5	1	3
Rangoun (*Indes Orientales, Empire de Birman*). Taim de 18 doigts	0	4	2	3
Saun daung de 22 doigts	0	5	1	7
Dha ou bambou de 7 saun daung	3	6	1	9
Ratisbonne (*Baviere*). Pied	0	2	9	0
Elle ou bras	0	8	1	1
Rhin. Pied du Rhin de 12 pouces	0	3	1	3
Readen perche de 12 pieds du Rhin	3	3	7	6
Revel (*Russie*). Pied	0	2	6	7
Elle ou bras de 2 pieds	0	5	3	5
Riga (*Russie*). Pied	0	2	7	4
Elle ou bras de 2 pieds	0	5	4	8
Rio-Janeiro (*Brésil*) Comme Lisbonne.				
Rodi (*Ile*). Pik	0	7	5	6
Rome. Pied moderne	0	2	9	7
Palme architectonique, 3/4 du pied	0	2	2	3
Canne de 10 palmes architectoniques	2	2	3	4
Palme commerciale pour les étoffes de 3 parties	0	2	4	9
Bras pour les toiles	0	6	3	5
Canne de 8 palmes commerciales	1	9	9	2
Palme de *Ara* ou palme sacrée	0	1	2	5
Bras de *Ara* ou bras sacré de 6 palmes sacrées	0	7	5	0

VILLES ET PAYS	Mètres.	Décimètres.	Centimètres.	Millimètres.
Rotterdam (*Hollande*). Pied ancien	0	3	1	2
Elle ou aune	0	6	9	1
(Mesures nouvelles depuis 1816, voir Amsterdam.)				
Russie. (Voir Saint-Pétersbourg).				
Samo (*Ile*). Pied	0	3	4	6
Sangall (*Suisse*). Pied	0	3	1	3
Aune ou bras pour les laines	0	6	1	1
Aune ou bras pour les toiles	0	7	3	5
(Mesures nouvelles, voir Suisse.)				
Saint-Dominique (*Antilles*). Voir Haïti.				
Saint-Salvador (*Bahia, Brésil*). Comme Lisbonne				
San Francisco (*Californie*). Comme Londres.				
Sardaigne (*Ile*). Voir Cagliari.				
Sarragosse. (Comme Madrid).				
Saxe (Voir Dresde).				
Sumatra (*Indes Orientales*). Comme Londres.				
Santiago (*Chili*). Mesures anciennes, voir Madrid.				
(Mesures nouvelles, système métrique français.)				
Schwerin. Pied	0	2	8	7
Sciaffusa. Pied	0	2	8	7
Schwys (*Suisse*). Comme Zurick.				
Séville. Vara ou Aune	0	8	6	3
Siam (*Royaume, Asie*). Sock	0	4	8	0
Ken de 2 sock	0	9	6	1
Vouah de 2 ken	1	9	2	2
Sicile (*Ile de la Méditerranée*). Palme ancien	0	2	4	1
Canne de 8 palmes	1	9	2	8

VILLES ET PAYS	Mètres.	Décimètres.	Centimètres.	Millimètres.
Sidney (Australie). Comme Londres.				
Sidon (ville de l'ancienne Phénécie). Pik	0	6	0	4
Sierra Leone (Afrique). Comme Londres.				
Singapore (Indes Orientales). Comme Londres.				
Silésie (Allemagne). Pied	0	2	8	9
Elle ou bras	0	5	7	9
Klafter ou toise de 6 pieds	1	7	3	6
Smyrne (Turquie). Indise	0	6	2	6
Pik	0	6	6	7
Soluras (Suisse). Pied	0	2	9	3
Aune ou bras	0	5	4	7
Mesures nouvelles, voir Suisse.				
Stettin (Prusse). Pied	0	2	8	2
Elle ou aune	0	6	5	1
Stockholm (Suède). Pied de 10 pouces	0	2	9	6
Elle ou aune de 2 pieds	0	5	9	3
Famm ou toise de 6 pieds	1	7	8	1
Ruthe ou perche de 16 pieds	4	7	4	9
Stralsund (Prusse). Pied	0	2	9	0
Elle ou aune	0	5	8	2
Strasbourg (France). Pied ancien	0	2	8	9
Aune	0	5	3	8
Stuttgardt. (Voir Wurtemberg).				
Suède. (Voir Stockholm).				
Suisse. (Mesures nouvelles pour toute la Confédération).				
Pied suisse de 10 pouces	0	3	0	0
Bras suisse de 2 pieds	0	6	0	0
Aune suisse de 4 pieds	1	2	0	0
Toise suisse de 6 pieds	1	8	0	0
Perche suisse de 10 pieds	3	0	0	0

VILLES ET PAYS	Mètres.	Décimètres.	Centimètres.	Millimètres.
Tampico (*Mexique*). Comme Madrid.				
Tésin (*Canton Suisse*). Pied de 10 parties........ ..	0	5	0	0
(Mesures nouvelles, voir Suisse.)				
Tyrol (*Empire d'Autriche*). Pied..................	0	3	1	4
Elle ou bras...	0	8	0	4
Klafter ou toise de 6 pieds...............	1	8	8	4
Toulouse. Pan.....	0	2	2	2
Canne de 8 palmes.....................	1	7	8	3
Trébizonde (*Turquie*). Comme Constantinople.				
Trente (*Tyrol*, *Autriche*). Pied.................... ...	0	3	3	2
Pas de 5 pieds........... ..	1	6	6	0
Bras pour les soies.........	0	6	3	1
Bras pour les laines et toiles.	0	7	0	2
Trieste. Elle d'Autriche de 32 parties.............	0	7	7	9
Bras pour la soie.......................	0	6	4	2
Bras pour les laines et draps...............	0	6	7	6
(Mesures nouvelles, voir Vienne.)				
Tripoli (*Afrique*). Pik ou aune.......	0	5	5	1
Turin. Pied Liprand ou pied piémontais de 12 onces, 144 pointes.....	0	5	1	3
Pied ordinaire de 8 onces...............	0	3	4	2
Pied géométrique de 6 onces...............	0	2	5	6
Trabuc de 6 pieds Liprands	3	0	8	2
Toise de 5 pieds ordinaires.................	1	7	1	2
Bras ou aune de 14 onces...........	0	5	9	9
(Mesures nouvelles, voir Italie.)				
Toscane. (Mesures anciennes, comme Florence).				
(Mesures nouvelles, voir Italie.)				

VILLES ET PAYS	Mètres.	Décimètres.	Centimètres.	Millimètres.
Toulon. Palme	0	2	4	1
Canne de 8 palmes	1	9	3	1
Tunis (*Afrique*). Pik d'Omar pour la soie	0	6	3	0
Pik ou bras pour les laines	0	6	7	3
Pik pour les toiles	0	4	7	4
Turquie. (Voir Constantinople).				
Turgovie. (Voir Suisse).				
Ulm (*Bavière*). Pied	0	2	8	9
Unterwalden (*Suisse*). Pied de 12 pouces	0	3	1	4
Aune ou bras de 2 pieds	0	6	2	9
Valence (*Espagne*). Palme	0	2	2	5
Vara de 4 palmes	0	9	0	7
Valparaiso (*Chili*). Voir Santiago.				
Varsovie (*Pologne*). Pied de 12 pouces	0	2	9	7
Aune ancienne de 2 pieds	0	5	9	5
Aune ordonnée dans l'an 1764	0	6	2	0
Toise de 6 pieds	1	8	7	6
Perche de 15 pieds	4	4	6	7
Vaud. (Voir Suisse).				
Venise. Pied pour les terrains de 12 parties	0	3	7	4
Petite perche de 4 1/2 pieds	1	5	6	3
Passe de 5 pieds	1	7	3	6
Bras pour la laine et la toile	0	6	8	5
Bras pour la soie	0	6	3	8
(Mesures nouvelles, voir Italie).				
Vera-Cruz (*Mexique*). Comme Madrid.				
Vérone (*Italie*). Pied pour les terrains de 12 parties.	0	3	4	2
Bras pour la laine	0	6	4	8
Bras pour la soie	0	6	4	2
(Mesures nouvelles comme en Italie.)				

VILLES ET PAYS	Mètres.	Décimètres.	Centimètres.	Millimètres.
Washington (*Etats-Unis d'Amérique*). Comme Londres.				
Weimar (*Allemagne, Saxe-Weimar*) Pied de 12 pouces de 144 lignes..........	0	2	8	1
Aune ou elle de 2 pieds..	0	5	6	3
Vienne. Klafter linéaire de 6 fuss (pieds)..........	1	8	9	6
Elle ou aune pour les marchandises......	0	7	7	9
Pied légal de l'empire..................	0	3	1	6
Wiesbaden (*Duché de Nassau*). Pied de 12 pouces 10 lig.	0	3	0	0
Aune de 2 pieds.......	0	6	0	0
Pied d'arpentage......	0	5	0	0
Pied agraire de Nassau.	0	5	0	0
Wurtemberg (*Allemagne*). Pied de 12 pouces, de 100 lignes, de 1,000 pointes.	0	2	8	6
Toise de 6 pieds........	1	7	1	9
Perche de 10 pieds.......	2	8	6	5
Elle ou aune...........	0	6	1	4
Zante (*Iles Ioniennes*). Bras pour les toiles..........	0	6	9	0
Bras pour la soie.............	0	6	4	4
Pied........................	0	3	4	7
Zug. (Voir Suisse).				
Zurich (*Suisse*). Pied............................	0	3	0	1
Aune ou bras de 2 pieds...........	0	6	0	2

(Mesures nouvelles, voir Suisse).

NOTA. — C'est par erreur que nous avons indiqué *Mayence* comme appartenant à la Prusse ; c'est au duché de Darmstad que ce pays appartient et dont il a les mêmes poids et mesures.

II

MESURES ITINÉRAIRES MODERNES

VILLES ET PAYS	Kilomètres ou milles métriques.	Hectomètres.	Décamètres.	Mètres.	Décimètres.	Centimètres.
Degré nonagésimal du méridien terrestre au degré de latitude.	111	1	1	1	1	1
Alexandrie (*Italie*). Mille.	2	2	8	6	2	5
Allemagne. Mille ou lieue allemande de 15 au degré	7	4	0	7	4	0
Grand mille de 12 au degré.	9	2	5	9	2	5
Angleterre. Mille de Londres de 73 au degré.	1	5	2	2	0	7
Mille légal de 8 furlongs.	1	6	0	9	3	1
Mille marin de 60 au degré.	1	8	5	1	8	5
Lieue marine de 20 au degré	5	5	5	5	5	5
Athènes. Stadion ou stade royale de 1000 piki	1	0	0	0	0	0
Stade ancienne	0	1	8	4	1	8
Autriche. Mille de poste ou lieue autrichienne	7	5	8	6	4	5
Baden. Mille ou lieue	8	8	8	8	8	8
Berne (*Suisse*). Lieue ancienne.	5	2	7	8	6	4
Benares (*Indes Orientales*). Koss	2	6	8	2	0	0
Birman (*Asie, Empire*). Dein ou lieue.	3	6	1	9	0	0
Bohême (*empire d'Autriche*). Lieue	6	9	0	3	7	8
Calcutta (*Indes Orientales, Indoustan*). Coss. .	1	7	8	8	8	0
Castille. Lieue légale, voir Espagne.						
Chine (*Asie Empire*). Ly	0	5	7	8	7	0
Copenhague (*Danemark*). Mille ou lieue	7	5	3	1	4	9
Darmstad. Lieu ordinaire.	5	0	0	0	0	0
Mille de 300 toises	7	5	0	0	0	0

VILLES ET PAYS	Kilomètres ou milles métriques.	Hectomètres.	Décamètres.	Mètres.	Décimètres.	Centimètres.
Dresde (*Saxe*). Mille ou lieue	9	0	5	6	0	0
Écosse. Lieu ou mille de 50 au degré	2	2	2	2	2	2
Espagne. Mille de 8 stady	1	4	1	3	0	0
Lieue légale de 3 milles	4	2	3	9	0	0
Lieue nouvelle depuis 1766, à 16 2/3 au degré	6	6	6	6	6	6
Ferrare (*Italie*). Mille	1	3	4	6	1	8
France. Lieue ordinaire de 2280 toises, 3, de 25 au degré	4	4	4	4	4	4
Lieue postale de 2000 toises	3	8	9	8	0	7
Lieue marine de 20 au degré	5	5	5	5	5	5
Mille métrique ou kilomètre	1	0	0	0	0	0
Lieue métrique ou myriamètre	10	0	0	0	0	0
Gênes (*Italie*). Mille ancien	1	4	8	8	4	8
Hambourg (*Allemagne*). Mille ou lieue	7	5	3	2	4	8
Hanovre. Mille ou lieue	10	5	8	7	7	4
Hollande. Lieue de 18 au degré	5	8	4	7	9	5
Hongrie. Lieue	8	5	6	0	6	9
Italie. Mille métrique ou kilomètre	1	0	0	0	0	0
Myriamètre ou 10 kilomètres	10	0	0	0	0	9
Mille ancien de 75 au degré	1	4	8	1	4	8
Mille géographique de 60 au degré	1	8	5	1	8	5
Lombardie (*Italie*). Mille lombard	1	7	8	4	8	0
Malabar (*Indes-Orientales*). Gau ou gos	11	1	1	1	1	1
Malte (*île*, *Méditerranée*). Mille	1	6	1	1	8	5
Milan. (Comme Lombardie).						
Mysore (*Indes-Orientales*). Coss ou hardary	5	8	6	2	6	0
Govade ou une journée de chemin	23	4	4	8	0	0

VILLES ET PAYS	Kilomètres ou milles métriques.	Hectomètres.	Décamètres.	Mètres.	Décimètres.	Centimètres.
Naples. Mille...	2	2	2	5	7	9
Pays-Bas. Lieue ordinaire de 22 au degré...	5	0	5	0	5	0
Parme (*Italie*). Mille ancien................	1	4	8	0	4	0
Perse. Parasanga de 12, 5 au degré.........	8	8	8	8	8	8
Piémont. (Voir Turin).						
Pologne. Lieue de 20 au degré.............	5	5	5	5	5	5
Portugal. Mille de 54 au degré.......	2	0	5	7	6	1
Lieue de 3 milles.........	6	1	7	2	8	4
Prusse. Mille ou lieue...............	7	5	3	2	4	8
Rhin. Lieue rhenolandique de 2,000 roeden.	7	5	3	2	4	8
Rome. Mille ancien de 75 au degré..........	1	4	8	1	4	8
Mille moderne.....................	1	4	8	9	0	6
Russie. Versta de 500 sagene..............	1	9	6	6	7	9
Saxe. Lieue de 12 au degré............ ...	9	2	5	9	2	5
Siam (*Royaume, Asie*). Rœneng ou lieue....	3	8	4	4	0	0
Suède. Lieue..........................	10	5	9	8	9	3
Suisse. Lieue nouvelle de 1,600 perches.....	4	8	0	0	0	0
Toscane. Mille de 67 1/2 au degré...........	1	6	4	6	0	9
Turin. Mille de Piémont.....	2	4	6	6	0	7
Turquie. Berry ou mille......	1	6	6	6	6	6
Varsovie. Mille de 8 werstes...............	8	5	3	1	3	1
Vienne (*Empire d'Autriche*). Mille de poste ou lieue	7	5	8	6	4	5
Zurig (*Suisse*). Lieue ancienne.............	4	6	2	2	1	6
Lieue nouvelle.............	4	8	0	0	0	0

MESURES DE SUPERFICIES MODERNES

TABLEAU 2

I

Mesures de superficie agraire.

VILLES ET PAYS	Hectares ou hectomètr. carrés.	Ares ou décimètres carrés.	Centiares ou mètres carrés.	Décimillares ou décimètres carrés.	Centimèt. carrés.
Alexandrie (*Italie*). Grand moggio de 8 staja 18 tables....	0	47	04	26	90
Petit moggio de 8 staja 12 tables.....	0	31	36	17	93
Amsterdam. Morgen ancienne..........	0	81	29	00	00
Roëdes depuis 1816....	0	01	00	00	00
Ancône. Somme ou rubbio de 625 tables.	1	04	84	26	96
Angleterre. Yard carré	0	00	00	83	61
Rod ou Perche carrée........	0	00	25	29	19
Rovd de 1210 yards carrés...	0	10	11	67	75
Acre de 4 roods, 160 tables, 4840 yards carrés.........	0	40	46	71	00
Argovia. (Voir Suisse).					
Asti (*Piémont*). Journée de 100 tables....	0	38	00	95	88
Athènes (*Grèce*). Stremma royale........	0	10	00	00	00
Autriche. Ioch........	0	57	55	42	52
Bâle. (Voir Suisse).					

VILLES ET PAYS	Hectares ou hectomètr. carrés.	Ares ou décimè-tres carrés.	Centiares ou mè-tres carrés.	Décimilliares ou décimètres carrés	Centimèt. carrés.
Bavière. Iuchart	0	30	52	00	00
Belgique. Bunder vierkant	0	01	00	00	00
(Mesures nouvelles, comme France.)					
Bergamo (Italie). Perche carrée de 24 tables	0	06	62	30	82
Berlin. (Voir Prusse).					
Berne (Suisse). Iuchart pour terrain aratif.	0	34	46	00	00
Iuchart pour les prairies..	0	30	15	00	00
Bohême. (Voir Autriche).					
Bologne (Italie). Tornatura dé 144 tables.	0	20	80	43	57
Brescia (Italie). Pio de 100 tables........	0	31	54	09	00
Capo el Istria (Autriche). Champ de 560 tables.......	0	31	61	91	11
Cassel. Journal......................	0	23	13	00	00
Copenhague (Danemark). Tonde-hacst-horn de 32 fierdingker.	1	10	19	00	00
Joen pour les terrains aratifs..............	0	55	64	00	00
Darmstadt. Arpent de 4 viertds.........	0	25	00	00	00
Danemark. (Voir Copenhague).					
Espagne. (Voir Madrid).					
Florence. Carré de 10 tables, 10,000 bras carrés	0	34	06	19	30
Stioro nouveau	0	05	25	00	00
Saccata de 12 stiora..........	0	63	00	00	00

(Mesures nouvelles, voir Italie).

VILLES ET PAYS	Hectares ou hectomèt. carrés.	Ares ou décimètres carrés.	Centiares ou mètres carrés.	Décimilliares ou décimètres carrés.	Centimèt. carrés.
Francfort (*sur Mein*). Arpent de 160 perches	0	20	18	00	00
France. (Voir Paris).					
Fribourg. Pose ancienne de 5000 pieds c.	42	99	77	81	25
(Mesures nouvelles, voir Suisse)					
Gênes. Canelle carrée de 144 palmes carrées ...	0	00	08	86	25
Genève (*Suisse*). Journal....	0	51	66	00	00
Panse	0	26	90	00	00
Mesures nouvelles (Voir Suisse).					
Glaris. (Voir Suisse).					
Hambourg. Scheffel pour terrains aratifs.	0	41	98	00	00
Morgen ou acre	0	82	58	00	00
Hanôvre. Morgen	0	26	01	00	00
Hollande. (Voir Amsterdam).					
Italie. Hectomètre carré....	1	00	00	00	00
Lauzanne (*Suisse*) Pose de 500 toises carrés	0	45	00	00	00
Londres. (Voir Angleterre).					
Madrid. Vara carrées de 9 pieds carrés..	0	00	00	69	66
Fanega de 6000 varas carrés....	0	41	79	91	38
Avanzado pour les vignobles...	0	38	69	00	00
Malte. Salma de 16 tomoules....	1	78	24	00	00
Mantoue (*Italie*). Biolca de 100 tables....	0	31	38	59	70
Messine (*Sicile*). Journée....	0	35	44	00	00
Milan. Pied carré de 144 onces carrees...	0	00	00	18	93
Perche carrée de 24 tables....	0	06	54	51	79
Naples. Canne carré 64 palmes carrées...	0	00	04	39	57
Moggio de 90 tables....	0	33	22	73	95

VILLES ET PAYS	Hectares ou hectomètr. carrés.	Ares ou décimètres carrés.	Centiares ou mètres carrés.	Décimilliares ou décimètres carrés.	Centimèt. carrés.
Neufchâtel Pose pour les vignobles, de 32768 pieds carrés.	0	28	17	91	69
Padoue (*Italie*). Champ de 840 parties....	0	38	62	57	26
Palerme (*Sicilie*). Salma de 10 tomoles...	0	14	00	00	00
Paris. Toise carré de 36 pieds carrés. ...	0	00	03	79	87
Pied carré de 144 pouces carrés....	0	00	00	10	55
Pouce carré de 144 lignes	0	00	00	00	07
Arpend légal ou d'ordonnance des eaux et forêts.....	0	51	07	19	80
Arpend de Paris de 100 perches carrées ayant pour côté 18 pieds linéaires....................	0	34	18	86	90
Arpend ordinaire de 100 perches ayant pour côté 20 pieds linéaires.	0	42	20	83	00
Hectomètre carré ou hectare.....	1	00	00	00	00
Parme (*Italie*). Biolca de 6 Staga..	0	30	81	43	90
Pétersbourg (*Saint*). (Voir Russie).					
Prague (*Bohême*) Comme Vienne.					
Prusse. Morgen ou acre ancien..........	0	56	17	00	00
Morgen ou acre nouvelle...... ..	0	25	53	20	00
Rhin. Pied carré de 144 pouces carrés...	0	00	00	09	85
Raeden carré de 144 pieds carrés...	0	00	14	18	46
Arpent de 120 raedens carrés.... .	0	17	02	15	48
Rome. Palmes architectoniques carrées de 144 onces carrées	0	00	00	04	99
Rubbio de 7 pièces............	1	84	81	15	06
Pièce de 529 cannes carrées......	0	26	40	16	43
Russie. Desiatine ou Decetine...........	1	09	32	16	00
Sicilie. (Voir Palerme).					
Strasbourg. Arpend ou acre...........	0	20	08	00	00

VILLES ET PAYS	Hectares au hectomètr. carrés.	Ares ou décimètres carrés.	Centiares ou mètres carrés.	Décimilliares ou décimètres carrés.	Centimèt. carrés.
Suède. Tonneland	0	49	32	00	00
Suisse. Faux ancien	0	65	67	00	00
Perche carrée	0	00	09	00	00
Pose de 400 perches carrées	0	36	00	00	00
Toscane. (Voir Florence).					
Trente (*Tyrol, Autriche*). Stajo de 180 perches	0	08	46	00	00
Turin. Journée de terrain de 100 tables.	0	38	00	95	88
Turgovie. (Voir Suisse.)					
Valence (*Espagne*). Chaizade de 6 fanejadas	0	42	49	03	00
Vaud (*Suisse*). Comme Lauzanne.					
Venise. Mille passes	0	30	23	00	00
Vienne. Klafter carre de 6 fuss	0	00	03	59	71
Joch ou Iuchart carré	0	57	55	42	52
Zante (*Iles Ioniennes*). Bacile ou mesure..	0	12	14	00	00
Zapade pour les vignobles	0	04	05	00	00
Zug. (Voir Suisse).					
Zuric. Iucart de terrain aratif	0	32	69	85	40

(Mesures nouvelles, voir Suisse.)

II

Mesures de superficie topographique.

VILLES ET PAYS	Milles métriques carrés ou kilom.	Hectomèt. carrés.	Décamèt. carrés.	Mètres carrés.	Décimètres carrés
Allemagne. Mille carré ou lieue carrée...	85	73	38	82	03
Mille ordinaire ou lieue carrée	54	86	95	84	50
Angleterre. Mille légal carré.............	2	58	98	94	77
Mille marin ou géographique carré..................	3	42	93	55	28
Lieue marine carrée.........	30	86	41	97	53
Mille carré de Londres.......	2	31	66	97	08
Autriche. Mille carré ou lieue carrée pour les postes..................	57	55	42	52	73
Birman (Empire, Asie). Daim carré......	13	09	71	61	00
Calcutta (Indes Orientales). Coss carré....	3	19	98	05	44
Chine (Asie, Empire). Ly carré........ ..	0	33	48	98	32
Espagne. Lieue carrée nouvelle........ ..	44	44	44	44	44
France. Lieue ordinaire carrée..........	19	75	30	86	42
Lieue marine carrée...........	30	86	41	97	53
Mille métrique carré ou kilom.	1	00	00	00	00
Lieue métrique carrée ou myria.	100	00	00	00	00
Hollande. Lieue carrée..................	34	12	30	84	86
Italie. Mille géographique carré........	3	42	93	55	28
Mille ancien ordinaire carré.......	2	19	47	87	38
Mille métrique carré ou kilomètre	1	00	00	00	00
Lieue métrique carrée ou myriam..	100	00	00	00	00
Lombardie. (Comme Milan).					
Londres. (Voir Angleterre.)					

VILLES ET PAYS	Milles métriques carrés ou kilom.	Hectomet. carrés.	Décamet. carrés.	Mètres carrés.	Décimètres carrés
Malabar (*Indes Orientales*). Gos ou gau carré	123	45	67	90	00
Milan. Mille Lombard carré	3	18	55	43	88
Mysore (*Indes Orientales*). Cos ou hardin carré	33	36	30	44	00
Pays-Bas. Lieue ordinaire carrée	25	50	76	00	76
Parme (*Italie*). Mille carré	2	19	15	84	16
Perse. Parasanga carré	79	01	23	46	20
Piémont. Mille carré	6	08	15	35	77
Portugal. Mille carré	4	23	37	72	63
Lieue carrée	38	10	39	53	67
Prusse. Mille ou lieue rhoenlandique carrée	56	73	83	45	34
Rome. Mille ancien carré	2	19	47	87	38
Mille moderne carré	2	21	73	11	60
Russie. Verste carré	1	13	89	60	11
Siam (*Asie*). Rœneng carré	14	77	63	36	00
Suisse. Lieue carrée	24	04	00	00	00
Turquie. Berry carré	2	77	77	77	78

TABLEAU III

MESURES GÉNÉRALES OU CUBIQUES DES VOLUMES

VILLES ET PAYS	Mètres cubiques ou stères.	Décimètres cubiq. ou millistères.	Centimètres cub.	Millimètres cubiq.
Florence. Bras cubique	0	198	794	284
Traino de 2 bras cubiques	0	397	588	568
Catasta pour bois à brûler de 24 bras cubiques	4	771	052	820
Fribourg (Suisse). Toise cubique ancienne de 1010 pieds cubiques	25	219	500	000
Gênes. Cannelle cubique de 1728 palmes cubiques	26	382	685	344
Moggio pour la chaux de 90 palmes cubiques	1	374	098	195
Italie. Mètre cubique ou stère de 1000 décimètres cubiques ou millistères	1	000	000	000
Lauzanne (Suisse). Toise cubique de 1000 pieds cubiques	27	000	000	000
Londres. Pied cubique de 1728 pouces cubiq.	0	028	315	769
Madrid. Pied cubique de 1728 pouces cubiq.	0	021	553	820
Milan. Pied cubique de 1728 onces cubiques	0	082	417	938
Naples. Canne cubique de 512 palmes cubiq	9	213	928	258
Paris. Toise cubique de 216 pieds cubiques	7	403	890	332
Pied cubique de 1728 pouces cubiques	0	034	277	270
Mètre cubique ou stère de 1000 décimètres cubes ou millistères	1	000	000	000

VILLES ET PAYS		Mètres cubiques ou stères	Décimètres cubiq. ou millistères	Centimètres cub.	Millimètres cubiq.
Rome.	Palme architectonique cubique de 1728 onces cubiques	0	011	149	668
Suisse.	Pied cubique	0	027	000	000
	Toise cubique de 216 pieds cubiques.	5	832	000	000
	Moule (mesure pour le bois à brûler) de 126 pieds cubiques	3	402	000	000
Turin.	Pied lyprande cubique	0	135	611	000
	Pied ordinaire cubique	0	040	181	000
Vienne.	Kubik klafter.....................	6	822	383	925
	Kubik klafter fuss.............. ...	1	137	063	988
	Kubik klafter zoll	0	094	755	332

NOTA

Dans les mesures itinéraires modernes et superficielles agraires, ainsi que dans les mesures topographiques et cubiques des volumes, nous nous sommes borné à nous occuper seulement des mesures qui, par la proximité des lieux et les rapports internationaux, peuvent avoir de l'intérêt pour nos lecteurs. Nous n'avons donc pas cru nécessaire de parler des mesures des contrées et pays éloignés, n'ayant avec nous que des relations commerciales maritimes.

TABLEAU IV

MESURES MODERNES DE CAPACITÉ POUR LES LIQUIDES

VILLES ET PAYS	Litres.	Décilitres.	Centilitres.	Millilitres.
Abo (*Russie*). Voir Saint-Pétersbourg.				
Abyssnie (*Afrique*). Cuba	1	0	1	6
Acapulco. (Voir Madrid).				
Ajaccio (*Corse*). Mezza de 2 coppes	7	1	0	0
Andrinople (*Turquie*). Comme Constantinople.				
Alexandrie (*Piémont*). Brenta de 34 pintes	61	5	2	8
Alexandrie (*Egypte*). Comme Caire.				
Alger. Mettallyantica ou koule ancienne	61	5	2	8
(Mesures nouvelles, voir France.)				
Alicante. Cantato de 16 mitietas	11	8	1	4
Bota pour les vins	434	9	0	0
Pipa pour l'huile	520	0	0	0
Altembourg (*Allemagne, grand duché*). Kanne	1	6	9	5
Eimer a 60 kannes	101	7	0	0
Tonne pour la bière à 1 1/2 Eimer	152	5	5	0
Altona. (Voir Hambourg).				
Amboine (*Asie, Indes Orientale*). Kanne	1	4	9	1
Amsterdam. Mesures anciennes, alim de 4 ankers	152	8	3	9
Kan depuis 1816	1	0	0	0
Bat ou baril à 100 kaunes	100	0	0	0

VILLES ET PAYS	Litres.	Décilitres.	Centilitres.	Millilitres.
Ancone (*Italie*). Soma de 48 boccali	69	6	0	0
Angleterre. (Voir Londres)				
Anhalt (*Allemagne*). Voir Prusse.				
Anvers. Aam ancien de 50 stoops	137	0	0	0
(Mesures nouvelles depuis 1816, comme France.)				
Aquisgrana. Tonn	23	9	0	0
Aragon. Nietre pour les vins de 16 cantares	159	0	0	0
Arroba pour les huiles	13	0	0	0
Argovie. (Voir Suisse.)				
Assomption (*Paraguay*). Frasco	2	1	4	4
Pipa à 195 frascos	276	5	8	0
Asti (*Italie*). Brenta de 36 pintes	19	2	8	5
Athènes. Mesures anciennes pour les vins. Baril de Venise de 24 bozze	64	3	8	6
Pour l'huile et pour le miel, on compte l'oke — 1 1/3 de litre.				
Mesures nouvelles : litre à 10 kotylis (décilitres)	1	0	0	0
Augsbourg. Fuder ancien à 768 mass	1096	8	9	2
(Mesures nouvelles, voir Munich.)				
Autriche. (Voir Vienne.)				
Bahia (*Brésil*). Canada	7	0	9	0
Pipa pour le rhum de 72 canadas.	510	4	8	0
Pipa pour la mélasse à 100 canadas	709	0	0	0
Bâle (*Suisse*). Saum de 120 pots	152	8	6	0
(Mesures nouvelles, voir Suisse.)				

VILLES ET PAYS	Litres	Décilitres	Centilitres	Millilitres
Barcelonne. Carga de 120 mietadellas	120	5	6	0
Pipa à 4 cargas	482	2	4	0
Tonnelade à 2 pipas = 8 cargas	964	4	8	0
Cortan pour l'huile	4	1	2	0
Pipa à 119 cortans	582	9	0	8
Bayonne. Velte	7	6	0	0
Tonneau à 40 veltes	304	0	0	0
Bastia (*Corse*). Boccale	1	3	0	0
Bavière. (Voir Munich).				
Batavia (*Ile de Java*). Kan	1	4	9	1
Léger d'Arak à 138 kans	216	1	5	8
Belgique (Voir Bruxelles).				
Belgrade. (Comme Pesth (Hongrie)).				
Bergame (*Italie*). Brente de 54 pintes	70	6	9	0
Berlin. Quart pour les liquides	1	1	4	5
Eimer à 60 quarts	68	7	0	1
Ohxoft à 3 eimers	206	1	0	3
Fuder à 4 ohxofts	824	4	1	2
Eimer ancien (avant 1858)	73	6	3	3
Berne. Saum à 100 mass	167	0	0	6
(Mesures nouvelles, voir Suisse.)				
Belelfaki (*Arabie*). Gudda	7	5	7	0
Birman (*Asie*). Voir Rangoun				
Bohême. Eimer ancien de 32 pintes	49	6	8	0
(Mesures nouvelles, voir Vienne.)				
Bologne (*Italie*). Corba de 60 boccali	78	5	9	3
Bombay (*Indes Orientales*). Gallon impérial anglais	4	5	4	3

VILLES ET PAYS	Litres.	Décilitres.	Centilitres.	Millilitres.
Bordeaux. Velte pour les vins	7	6	1	0
Barrique à 32 veltes ou bordelaise	228	0	0	0
Tonneau à 4 barriques	912	0	0	0
Borneo. (Voir Batavia).				
Brême. Stubchen pour le vin et l'eau-de-vie	3	2	2	1
Fuder de 6 ohm	866	7	0	0
Ohm à 45 stubchens	144	4	5	0
Breslau. (Comme Berlin).				
Brunswick. Quartier	0	9	3	6
Tonne de 108 quartiers	101	0	8	8
Oxhoft à 6 ankers - 240 quartiers	224	4	6	0
Bruxelles. Pot ancien	1	3	5	0
(Mesures nouvelles, Comme France)				
Bucharest (*Valachie*). Viadra pour les liquides	14	1	5	0
Buenos-Ayres. (Voir Madrid).				
Cadix. Grande arrobe	16	1	4	0
Petite arrobe	12	6	2	0
Botte pour les vins de 30 grandes arrobes	484	2	0	0
Pipe pour l'huile à 34 petites arrobes	330	0	8	0
La pipe d'huile pèse 390 kilogrammes.				
Caire (*Egypte*). Les liquides se vendent par 100 okes (125 kilogrammes).				
Calcutta. Gallon impérial anglais	4	5	4	3
Carlsrhue. Malter ou ohm	1	5	0	0
Fuder à 10 ohms = 100 stutzens = 1000 mass	150	0	0	0
Schoppen = 1/4 mass.				
Canada. (Comme Angleterre).				

VILLES ET PAYS	Litres.	Décilitres.	Centilitres.	Millilitres.
Canaries (*Iles*). Pipe pour les vins à 12 barriles..	454	3	5	0
Candie (*Ile*). Mistate pour l'huile................	11	1	6	4
Canton (*Indes Orientales*). Comme Londres.				
Cap-de-Bonne-Espérance. Legger pour les vins à 125 gallons impérial anglais.	571	2	9	0
Cap d'istria. Barrique de 60 boccali	64	3	8	6
Cassel (*Hesse-Electorale*). Mass de la Hesse.......	1	9	8	4
Nouvelle ohm de la Hesse pour l'eau-de-vie et le vin, à 20 vierstels de 80 mass.......	158	7	2	0
Ceylan (*Indes-Orientales*). Canade à 2 quarts, 15 drams	1	5	1	0
2 1/2 canades 1 gallon anglais........ ...				
Champagne. Demi-queue légale ancienne........	188	3	3	9
Chili. (Voir Santiago).				
Chine. Tche de 2 ho, 10 teu, 100 tching	70	0	0	0
Christiania (*Norwège*). Tonne pour le goudron de 120 pots = 101 1/4 quarts de Prusse...............	115	9	3	0
Mesures des liquides, comme Copenhague.)				
Chypre (*Ile de la Méditerranée, Turquie*). Barrique de vin à 16 gutze	10	4	1	0
Cass de vin...........	4	7	3	2
Clèves (*Prusse Rhénane*). Kanne pour les vins.....	1	1	8	9
Okm à 4 anhers = 120 kannes......	142	6	8	0
Coblentz. (Comme Berlin).				
Cobourg (*Saxe-Cobourg*). Mass pour la bière......	0	9	5	3
Cochinchine. (Comme Londres).				
Cognac. Barrique ancienne pour l'eau-de-vie.....	210	2	4	7

VILLES ET PAYS	Litres.	Décilitres.	Centilitres.	Millilitres.
Cologne. Mass ancien.............	1	3	2	9
Ohm de 104 mass......	138	2	2	0
Fuder de 6 ohms — 624 mass...........	829	3	2	0
(Mesures nouvelles, comme Berlin.)				
Constantinople. (Les vins se vendent à l'oke). Oke à 1,283 grammes.				
Amud ou meter pour l'huile....	5	2	3	0
Copenhague. Kanne, unité de mesure pour les vins	1	9	3	2
Ohm à 77 kannes....	148	0	2	5
Fuder à 6 homs, 465 kannes.........	898	4	7	2
Tonne pour la bière à 136 pots......	131	3	9	2
Tonne pour le goudron à 120 pots..	114	6	0	0
Pot.......................	0	9	5	5
Corfou (*Iles Ioniennes*). Mesures anciennes : barrique à 128 quartucci..	68	0	0	0
(Mesures nouvelles, voir Athènes.)				
Corugna (*Espagne*). Azumbre de 4 quartillos	2	2	6	0
Corse. Pipe de vin de 9 1/2 barriques.	423	0	0	0
Soma pour l'huile..........	11	5	0	0
Cracovie (*Gallicie Autrichienne*). Kwatereck.......	3	8	4	3
(Mesures nouvelles, voir Vienne.)				
Cuba. (Voir Havanne).				
Curaçao (*Antilles*). Gallon ordinaire anglais pour les liquides..	3	7	8	5
Darmstad. Chopine 1/2 litre.......	0	5	0	0
Mass à 4 chopines..............	2	0	0	0
Ohm à 80 mass.......	160	0	0	0
Danemark. (Voir Copenhague).				

VILLES ET PAYS	Litres.	Décilitres.	Centilitres.	Millilitres.
Dantzick. Eimer à 60 quartes....	75	0	8	0
Stoff pour les vins............... ..	85	2	5	0
Dijon. Ancien tonneau pour les vins............	227	5	6	6
Dresde (Saxe). Kanne............................	0	9	3	5
Eimer à 72 kannes................	67	3	2	0
Ohm à 2 Eimer, 144 kannes.......	134	6	4	0
Tonneau de bière = 420 kannes...	392	7	0	0
La barrique de vin de France est comptée 3 eimers				
— d'eau-de-vie est comptée 3 3/8 eimers				
Drontheim. (Comme Christiania).				
Dublin (Irlande). Voir Londres et Irlande.				
Dunkerque. Pot ancien	2	2	9	2
Elberfeld (Prusse). Comme Berlin				
Erfurt (Prusse). Comme Berlin.				
Espagne (Voir Madrid).				
Fiume (Autriche). Orena ancien ou eimer de 32 boccales	53	8	3	2
(Mesures nouvelles , voir Autriche.)				
Florence. Barrique pour le vin à 20 fiaschi.......	45	5	8	4
Somma à 2 barriques...	91	1	6	8
Barrique pour les huiles à 16 fiaschi	33	4	2	0
(Mesures nouvelles, voir Italie).				
Francfort-sur-le-Mein. Stuch ancien à 150 vierstels	147	5	0	3
Yung-Mass, mesure nouvelle = 4 nouv. chopines.	1	5	9	3
Francfort-sur l'Oder. (Comme Berlin).				
Fribourg. (Comme Suisse).				
Galatz. (Comme Jassy).				

VILLES ET PAYS	Litres.	Décilitres.	Centilitres.	Millilitres.
Gênes. Mezzarolo pour les vins à 2 barriques 180 amoles.	159	0	0	0
Barrique pour le vin	79	5	0	0
Barrique pour les huiles à 128 quarteroni..	65	4	8	0
(Mesures nouvelles, voir Italie.)				
Genève (*Suisse*). Char à 576 pots	548	4	4	0
Setier à 48 pots	46	0	0	0
(Mesures nouvelles, voir Suisse)				
Gibraltar. (Voir Londres et Madrid).				
Glaris. (Voir Suisse).				
Glascow. (Voir Londres).				
Gotha. Kanne	1	8	1	8
Eimer à 40 kannes, 80 mass	72	7	8	0
Fuder pour le vin à 12 eimers	873	3	4	0
Laste pour la bière à 48 eimers	3493	4	4	0
(Mesures nouvelles, comme Berlin.)				
Grenade (*Espagne*). Voir Madrid.				
Guatemala (*Etats-Unis d'Amérique*). Comme Cadix.				
Hambourg. Stubchen à 4 kannes de 16 Oessels pour les liquides	3	6	2	0
Eimer à 4 vierstels	28	9	6	0
Fuder à 6 ohms	862	8	0	0
Oxhoft ou barrique pour les vins	217	0	2	1
Fass à 4 odhofts = 6 tierzens	868	0	8	4
La barrique de vin de Bordeaux comptant de 62 à 64 stubchens	228	0	0	0
Quart pour les vins du Rhin	7	1	2	0
Quarteel pour les huiles de baleine	231	6	9	0
Tonne pour la bière à 48 stubchens..	173	7	6	0

VILLES ET PAYS	Litres.	Décilitres.	Centilitres.	Millilitres.
Hanovre. Stubchen à 2 kannes..................	3	8	9	4
Ohm à 40 stubkens.....	155	7	6	0
Fuder à 6 ohms................	934	5	6	0
Cuvée pour la bière à 26 stubkens.......	100	6	9	8
Havane. (Comme Madrid).				
Heidelgerg (Voir Carlsrhue).				
Hongrie. Eimer de la haute Hongrie.............	73	0	0	0
Eimer de la basse Hongrie...	57	0	0	0
Anthals pour le vin de Tokay...........	51	0	0	0
(Mesures nouvelles, voir Vienne.)				
Hué (*Empire d'An-nam*, *Asie*). (Comme Londres).				
Irlande. Kogskead de 63 gallons................	238	0	0	0
Gallon pour la bière.........	4	6	2	0
Butt pour la bière à 108 gallons.........	499	0	0	0
(Pour les autres mesures, voir Londres.)				
Italie. Mesures nouvelles depuis 1859.				
Litre (100 centilitres)	1	0	0	0
Décalitre (10 litres)	10	0	0	0
Hectolitre (10 décalitres)	100	0	0	0
Jamaïque. Ancien gallon anglais pour les liquides.	3	7	8	5
Japon (*Royaume*, *Asie*). Kock.....................	173	8	6	0
Jassy (*Moldavie*). Voir Bucharest				
Kœnigsberg (*Prusse*). Mass ancien................	1	1	3	5
(Mesures nouvelles, voir Berlin.)				
Lauzanne (*Suisse*). Pot.....	1	3	5	0
Setier de 30 pots.......	40	5	0	0
(Mesures nouvelles, voir Suisse).				

VILLES ET PAYS	Litres.	Décilitres.	Centilitres.	Millilitres.
Leipzig. Kanne de Dresde	0	9	3	5
Kanne de débit de Leipzig	1	2	0	0
Eimer à 63 kannes de débit	75	6	0	0
La barrique de vin de France est comptée 2 2/3 eimer.				
La barrique d'eau-de-vie de France est comptée 3 eimers.				
Lemberg (*Gallicie autrichienne*). Comme Vienne.				
Liége. (Comme Bruxelles).				
Lille. Pot ancien	2	2	9	3
Lima (*Pérou, Amérique du Sud*). Comme Madrid.				
Lisbonne. Canada	1	3	8	0
Almude à 12 canadas	16	3	6	0
Tonelada à 2 pipas ou botas à 624 canadas	860	3	0	0
Pipa pour l'huile à 30 almudes	496	8	0	0
Liverpool. (Comme Londres),				
Livourne. (Comme Florence).				
Londres. Gallon impérial de 8 pintes	4	5	4	3
Gallon ancien	3	7	8	5
Bushel à 8 gallons imp	36	3	4	8
La barrique de vin de Bordeaux est comptée 48 gallons imp	208	9	7	8
Barrel pour la bière à 36 gallons imp	163	5	4	8
Lubeck (*Allemagne*). Kanne	1	8	1	0
Stubchen à 2 kannes	3	6	2	0
Viertel à 4 kannes	7	2	4	0
Fuder à 480 kannes, 6 ohms, 120 viertels	868	8	0	0
Lucerne. (Voir Suisse).				
Lucques (*Italie*). Barrique pour les vins à 30 boccali	35	0	0	0
Coppo pour les huiles	122	2	3	3
Lyon. Mesures anciennes. Pot	0	9	3	0
Anée de 88 pots	81	9	6	0

VILLES ET PAYS	Litres.	Décilitres.	Centilitres.	Millilitres.
Madère (*Ile de*). Almude de 12 canadas p. les vins.	17	7	2	0
Pipe de 23 1/2 almudes	416	4	2	0
Madras (*Indes Orientales*). Gallon ancien de Londres	3	7	8	5
Madrid. Quartillo	1	0	0	8
Azumbre à 2 quartillos	2	0	1	6
Grande arroba à 16 quartillos, 8 azumbes	16	1	3	7
Bota de vin a 130 arrobas	484	1	1	0
Petite arrobe pour l'huile à 25 libras	12	5	6	4
Malaga. Arrobe de 8 azumbres	15	3	3	4
Botta ou tonneau pour les vins (Pedro Ximènes)	820	9	0	4
Bota ou tonneau pour les huiles à 43 arrob.	659	7	9	2
Fanega ancien	59	0	0	0
Malte (*Ile de la Méditerranée*). Barrique pour les vins de 2 quartari = 9,35 gallons impériaux	42	4	2	5
Barrique pour les huiles à 2 cafissi	40	2	1	6
Manille (*Iles Philippines*). Ancien gallon anglais	3	7	8	5
Tinaca à 12 gallons, pour l'huile de coco.	45	4	2	0
Les mesures sont celles de Castille ; mais les liquides se vendent à l'ancien gallon anglais.				
Maroc (*Empire du*) (*Afrique*). Les liquides excepté l'huile se vendent au poids.				
Artal pour l'huile d'olives	0	6	8	0
Kula de 22 artals	15	0	0	0
Marseille. Millerolle pour le vin	60	0	0	0
(La barrique de vin de Bordeaux est comptée 3 1/2 millerolles.)				
Meillerolle pour l'huile	64	0	0	0
Martinique (*Antilles*). Comme France.				
(La barrique pour les vins est comptée 100 potes à 2 pintes)	186	2	6	0
L'ancien gallon anglais (3,785) est compté	0	3	7	2

VILLES ET PAYS	Litres.	Décilitres.	Centilitres.	Millilitres.
Mayence. Mas ancien	1	8	8	0
(Mesures nouvelles, voir Darmstad).				
Melbourne (*Australie*). Comme Londres.				
Messine (*Sicilie*). Botte de vin à 12 salmes	1048	0	6	2
Catisso pour l'huile	12	1	4	0
Mexico (*Amérique*). Baril de vin et d'eau-de-vie de 20 anciens gallons anglais	75	5	0	0
Milan. Brenta de 96 boccali	65	5	5	4
Moka (*Arabie*). Guddy à 7 Nuficahs	7	5	7	0
Montpellier. Tonneau de 288 pots	413	8	7	4
Montevideo (Comme Madrid).				
Moscou. (Comme St-Pétersbourg).				
Munich (*Bavière*). Maskanne	1	0	6	9
Eimer à 64 mass kannes	68	4	4	0
Tonneau pour la bière à 25 eimers	1710	4	4	0
Nantes. Tonneau de 480 pots	800	0	0	0
Naples. Botte à 12 barils de 720 caraffe	548	3	2	0
Salma pour les huiles de 10 staja	188	0	1	0
Neufchâtel (*Suisse*). Pot ancien	1	9	0	4
Bosse à 30 setiers de 480 pots	914	0	4	6
Nouvelle-Orléans (*Etats-Unis d'Amérique*). Comme New-York).				
Newcastle (*Angleterre*). Comme Londres.				
New-York. (Comme Londres).				
Nice (*Provence*) Rubbo à 10 pintes	8	0	0	0
Charge à 12 rubbos de 223 livres	96	0	0	0
Rubbo pour l'huile à 24 livres	7	7	4	0
(Mesures nouvelles, comme France.)				

VILLES ET PAYS	Litres.	Décilitres.	Centilitres.	Millilitres.
Normandie. Tonneau à 2 pipes = 3 muids = 432 pots	821	8	4	4
Barrique pour l'eau-de-vie	57	0	7	2
Nuremberg (*Bavière*) Fuder à 10 eimers, a 768 mass	759	8	1	3
(Mesures nouvelles, voir Munich.				
Odessa. (Voir St-Pétersbourg).				
Oneglia. Barrique pour l'huile d'olives	65	4	0	9
Palerme. Barile de 40 quartucci	35	6	6	6
Salma de 8 barili, pour le vin	277	3	2	8
Cantaro pour l'huile	86	6	1	0
Paris. Muid à 2 feuillettes = 288 pintes = 576 chopines	268	2	2	0
Hectolitre, mesure métrique (100 litres)	100	0	0	0
Parme (*Italie*). Brente à 72 boccalis	71	6	7	2
Patras (*Grèce*). Voir Athènes.				
Pesth (*Hongrie*). Voir Vienne et Hongrie.				
Pétersbourg (*Saint-*) (*Russie*) Vedro à 10 Kruschka	12	2	9	9
Botschka à 40 vedros	491	9	6	0
Oxhoft à 240 bouteil	221	0	0	0
Tchtvert ancien	269	7	2	0
(L'huile se vend au poids.)				
Pologne. (Voir Varsovie).				
Pondichéry. Pinte pour les liquides	7	4	5	0
Portugal. (Voir Lisbonne).				
Port-au-Prince (*Haïti*). Pour les liquides, ancien gallon anglais	3	7	8	5
Pot à 2 anciennes pintes de Paris	1	8	6	2

VILLES ET PAYS	Litres.	Décilitres.	Centilitres.	Millilitres.
Porto ou *Oporto* (*Portugal*). Almuda de porto....	25	3	6	0
Pipide 21 almudas. ...	532	5	6	0
Tonelade à 2 pipes....	1065	1	2	0
(La pipe pour l'huile est de 21 almundas, 66 almundas de Porto = 100 almundas de Lisbonne.				
Porto-Ricco (*Antilles*). Comme Madrid.				
Prusse. (Voir Berlin).				
Québec (*Amérique du Nord*). Comme Londres.				
Rangon (*Empire de Birman, Asie*). Les liquides se vendent au poids.				
Ratisbonne. Kopsen ancien....................	1	2	9	1
(Mesures nouvelles, voir Munich.)				
Revel (*Russie*). Comme St-Pétersbourg.				
Riga. Stof ancien........................	1	3	0	5
Stof nouveau	1	2	5	7
Tonne pour la bière à 90 stofs nouveaux ...	113	1	3	0
La barrique de vin de France est comptée à 180 stofs..........................	226	2	6	0
Rio-Janeiro (*Brésil*). Pipa à 180 canadas	477	4	6	7
Rome. Barrique de vin à 32 boccales.	58	3	4	2
Barrique pour l'huile à 28 boccales.......	57	4	9	0
Russie. (Voir St-Pétersbourg).				
Santiago (*Chili*). Mesures anciennes, voir Madrid.				
(Mesures nouvelles, système métrique français.)				
San Francisco (*Californie*). Comme New-York.				
Saint-Thomas. (Comme Copenhague).				
Saragosse (*Espagne*). Cantaro..................	9	9	6	0
Nietro ou carga de 16 cantaros	159	3	6	0

VILLES ET PAYS	Litres.	Décilitres.	Centilitres.	Millilitres.
Sardaigne. Quartiere à 5 pintes pour le vin......	5	0	2	6
Quartana à 12 quartucci	4	2	0	0
Pour l'huile, barile à 2 giarri........	33	6	0	0
(Mesures nouvelles, voir Italie).				
Séville (Comme Madrid)				
Shang Haï (*Chine*). Comme Canton.				
Sicilie. (Voir Palerme et Messine).				
Sidney (*Australie*). Comme Londres.				
Sinigalie (*Italie*). Soma à 50 boccales pour le vin.	118	4	5	5
Smyrne (*Turquie*). Comme Constantinople.				
Stockholm (*Suède*). Kanne ou kannor.............	2	6	1	7
Pied cube = 10 kannes.........	26	1	7	2
Tonne ou barile pour les liquides à 48 kannes, 96 stops......	125	6	2	5
Strasbourg. Pot ancien	1	9	2	3
Ancien Fuder à 576 pots...........	1083	2	1	6
Stuttgard. Helleichmas pour le vin clarifié	1	8	3	7
Trubeichmas pour le vin non clarifié	1	9	1	7
167 Helleichmas = 160 Trubeichmas				
1 Foudre = 6 eimers = 96 imi = 960 mass.				
Suède (Voir Stockholm).				
Suisse. Pot nouveau	1	5	0	0
Char de 4 saums = 16 setiers = 400 pots	600	0	0	0
(Mesures nouvelles pour toute la Confédération).				
Sumatra (*Ile, Indes-Orientales*). Bamboo.........	1	6	6	8

VILLES ET PAYS	Litres.	Décilitres.	Centilitres.	Millilitres.
Surinam (*Guiane*). Voir Amsterdam.				
Singapore. Comme Calcutta.				
Tehéran (*Perse*). Les liquides se vendent à poids.				
Trieste. Barila ancienne à 46 2/3 boccales........	66	0	0	0
Orna ancienne pour l'huile à 5 1/2 Catissi..	64	0	0	0
Décret du 1er janvier 1858 :				
Orna ou barile pour les vins et les liquides 1 1/6 Eimer de 40 mass de Vienne....	56	6	0	1
Conzo = 1 1/2 Eimer de Vienne,.........	85	0	0	0
Tripoli (*Afrique*). Barile à 24 Bozze............	64	8	0	0
Tunis. Millarolle pour le vin à 6 1/2 mettar	64	0	0	0
Mettar pour l'huile..........	19	7	0	0
Le mettar d'huile pèse environ 16,420 kilogr.				
Turin. Brenta à 36 Pintes....................	49	2	8	5
(Mesures nouvelles, voir Italie).				
Valence (*Espagne*). Arroba à 8 mi·lios............	12	5	8	0
Carga à 15 Arrobas, 60 quartos.	176	7	4	0
Varsovie. Kwarty	1	0	0	0
Tonneau à 25 Garniec 100 Kwarty	100	0	0	0
Venise. Barrique à 24 bozzes....	64	3	8	6
Miro pour l'huile......	16	0	0	0
(Mesures nouvelles, voir Italie).				
Verone (*Italie*). Brenta à 32 ancienne Inghistari ...	70	5	1	1

VILLES ET PAYS	Litres.	Décilitres.	Centilitres.	Millilitres.
Vienne (*Autriche*) **Mass impérial**............ ...	1	4	1	5
Mass usuel mesure de compte..	1	4	5	0
Eimer de 40 mass usuels.......	58	0	0	0
Tonneau de bière à 2 Eimer 85 **mass**...................	123	2	5	0
Wiesbaden. **Mass** = 2 litres.................. ...	2	0	0	0
Ohms 80 mass........................	160	0	0	0
Zante (*Iles Ioniennes*). Baril de vin 120 quartucci.	66	7	2	0
(Mesures nouvelles comme Athènes).				
Zug (Voir Suisse).				
Zurig. Mass de Ville.	1	6	4	2
Mass de Campagne.....................	1	8	2	5

(Mesures nouvelles, voir Suisse)

TABLEAU V

MESURES MODERNES DE CAPACITÉ POUR LES GRAINS

VILLES ET PAYS	Litres.	Décilitres.	Centilitres.	Millilitres.
Abo (*Russie*). Voir Saint-Pétersbourg.				
Abyssnie (*Afrique*). Ardeb de Gondar pour le blé...	4	4	0	4
Ardeb de Massua............	10	5	7	0
Acapulco (*Mexique*). Voir Madrid.				
Achem (*Ile de Sumatra*). Bamboo	4	4	6	0
Cojan à 100 nellys, à 800 bamboos	3668	0	0	0
Paran pour le sel, à 25 ba mboos.........	111	9	0	0
Maund pour le riz, à 21 bamboos.........	93	6	6	0
Acre (*St-Jean-d'*). Ardeb pour le riz (environ).....	340	0	0	0
Alep (*Syrie*). Rottolo pour le blé..	3	2	4	0
Mokuk à 250 rottolis	756	0	0	0
Alexandrie (*Egypte*). Ardeb	271	0	0	0
Bébébé pour le blé..........	157	1	0	0
Killoz	170	5	9	0
L'ardeb pour le riz pèse environ 190 kil. = 156 okes.				
Alexandrie (*Italie*). Stajo à 16 coppes...........	17	2	6	5
Salma à 12 staia	207	1	8	0
(Mesures nouvelles, voir Itlie.)				
Algérie. Mesures anciennes : Cafisso à 16 tarries..	317	0	0	0
(Mesures nouvelles, voir France.)				

VILLES ET PAYS	Litres.	Décilitres.	Centilitres.	Millilitres.
Alicante. Cuarteron pour les grains	73	4	8	5
Cahiz à 12 barcellas = 192 cuarterons	246	3	3	6
Altembourg. Viertel pour les grains	73	4	8	5
Sac à 3 viertels	220	4	5	5
Malter à 2 scheffels, 4 viertels	293	9	4	2
Altona. (Voir Hambourg).				
Amsterdam Last ancien à 27 muddes	292	0	0	0
Mudde nouveau pour tous les grains à 100 kops (litres)	106	0	0	0
Ancone (*Italie*). Ancien robbio romain, à 8 coppes, 32 provendes	280	6	4	8
(Mesures nouvelles, voir Italie.				
Andrinople (*Turquie*). Comme Constantinople.				
Anhalt (*Allemagne*). Voir Prusse.				
Angleterre. (Voir Londres)				
Anvers. Last ancien	24	9	0	8
Viertel ou rozière ancien	80	0	0	0
(Mesures nouvelles, comme Bruxelles.)				
Appenzel. (Voir Suisse).				
Aragon. (Voir Saragosse).				
Athènes. Kilo royal à 100 litres	100	0	0	0
Kilo ancien	33	1	6	0
Staro ou stajo ancien de Venise, à 2 barili = 27 okes (pour le froment)	21	1	0	4
Augsbourg. Viertel ancien	1	6	0	3
Schaff ancien à 8 metzens, 32 vierling = 128 viertels	205	2	6	7
(Mesures nouvelles, voir Munich)				

VILLES ET PAYS	Litres.	Décilitres.	Centilitres.	Millilitres.
Autriche. (Voir Vienne).				
Avignon. Ancien boisseau..........	91	1	0	0
Bahia (*Brésil*). Alquiere pour le blé............	30	4	2	2
Moyo pour le sel à 20 alquieres.....	608	4	4	0
Alquiere pour le riz à 68 livres....	31	2	1	2
Bâle (*Suisse*). Sac ancien de 8 scheffels...	129	0	0	0
(Mesures nouvelles, voir Suisse.)				
Baltimore. (Comme New-York).				
Bamberg. (Comme Munich).				
Bankok (*Asie, royaume de Siam*) Leengs...	0	5	9	5
Kanan à 4 leengs	2	3	8	0
Bantam (Voir Batavia).				
Barcelonne. Cuartera pour les grains et légumes..	71	0	0	6
Salma à 4 cuarteras...............	284	0	0	0
Bavière. (Voir Munich).				
Batavia (*Ile de Java, Indes hollandaises*) Les grains et riz se vendent au poids. 1 Pikols = 61.520 kil. 1 Koyang à 27 Pikols = 1662.040 kil.				
Bayonne. Sac ancien	79	9	0	0
Belgique (Voir Bruxelles).				
Belgrade. Les grains se vendent par 100 okes. L'oke pèse 1,283 kilogrammes. 100 okes pèsent 128.300 kilogrammes				
Bénarès (*Indes Orientales*). Comme Calcutta.				
Bencoolen (*Ile de Sumatra, Indes hollandaises*)				
Baembuhs pour les grains et le riz....	4	1	2	8
Kojeng à 800 baembuhs	3302	4	0	0

VILLES ET PAYS	Litres.	Décilitres.	Centilitres.	Millilitres.
Bergame (*Italie*). Soma à 8 staja = 32 quartari . . .	171	2	8	1
Berghen (*Norwège*). Comme Christiania.				
Berlin (*Prusse*). Mesures pour les grains :				
Metzen à 3 quarts.	3	4	4	5
Scheffel à 16 metzens = 48 quarts	54	9	6	2
Tonne pour les graines de lin, à 37 2/3 metzens.	129	3	8	0
Berne (*Suisse*). Mutt ancien à 12 mass = 48 immi = 96 aetherli	168	1	3	2
(Mesures nouvelles, voir Suisse.)				
Betelfaki (*Arabie*). Comme Moka.				
Beyrouth (*Syrie*). Comme Constantinople.				
Bilbao (*Espagne*). Comme Madrid.				
Bohême. Strich ancien à 4 viertels, 16 massels. . .	93	5	8	8
(Mesures nouvelles, voir Vienne.)				
Bologne (*Italie*). Mesures anciennes : Corba à 2 staja 16 quartiroli.	78	6	4	5
(Mesures nouvelles, comme Italie.)				
Bombay (*Indes Orientales*). Le grain se vend au poids 1 seer = 0, 721 kilogrammes.				
Candy à 224 seers = 162, 56 kil.				
Sac pour le riz à 6 mauds de Bombay = kilogrammes 76,200				
Panier pour le sel	2	6	3	4
100 paniers	263	4	0	0
Borneo. (Voir Batavia).				
Boston. (Comme New-York).				

VILLES ET PAYS	Litres.	Décilitres.	Centilitres.	Millilitres.
Brême Allemagne. Scheffel pour le blé....	74	1	0	3
Last à 40 scheffels.......... ...	2964	1	2	0
Brescia (*Italie*). Soma à 12 quartes, 48 coppi	150	6	2	1
(Mesures nouvelles, voir Italie.)				
Breslau (*Silésie prussienne*). Ancien malter à 12 scheffels, 48 viertels 192 metzens.....	838	8	4	1
(Mesures nouvelles, comme Berlin.)				
Brunswich (*Allemagne*). Himten	31	1	4	4
Vispel à 40 himtens = 640 metzens...	1245	7	6	0
Bruxelles (*Belgique*). Sac ancien	115	4	0	0
Depuis 1816, kop ou litre ...	1	0	0	0
Mudde à 100 kops.........	100	0	0	0
Bucharest (*Valachie*). Dimerle	24	6	0	0
Kilo à 16 dimerles = 256 okes...... .	393	6	0	0
Buenos-Ayres (*Amérique du Sud*). Comme Madrid.				
Cadix. Fanega pour le blé et les légumes	56	4	9	0
Cahiz à 12 fanegas.....................	677	8	8	0
Le froment et l'orge se vendent à la fanega rasa.				
Les haricots, le maïs et tous les légumes, à la fanega colmuda.				
3 fanegas colmedas = à 4 fanegas rasas				
Cagliari (*Sardaigne*). Starello à 16 imbuti	48	9	6	1
(Mesures nouvelles, voir Italie.)				
Caire (*Egypte*). Pour le blé et tous les grains secs, Ardeb d'Alexandrie..............	276	8	4	0
Ardeb de Rosette, pour le blé = à 175 okes : 36 ardebs =	10000	0	0	0
Ardeb pour le riz à 12 rubs, 156 okes = 195 kil.				

VILLES ET PAYS	Litres.	Décilitres.	Centilitres.	Millilitres.
Calcutta (*Indes Orientales*). Comme Londres.				
Cap d'Istria. Stajo à 12 quartaroli..............	83	0	0	0
Canada (*Amérique du Sud*). Comme Londres. Pour le blé, on se sert encore de l'ancien minot français.				
1 minot............................	42	0	2	4
Canaries (*Iles*). Voir Madrid.				
Candie ou *Creta* (*Ile de la Méditerranée*). Carga pour le blé et les légumes.	152	3	0	0
Cap-de-Bonne-Espérance (voir Londres).				
Carlsruhe. Malter pour les grains..............	1	5	0	0
Zuber à 10 malters..................	15	0	0	0
Cassel (*Hesse-Electorale*). Metzen (boisseau)......	10	0	4	6
Scheffel à 2 himtens = 8 metzens.........	80	3	6	8
Viertel ou quart à 2 scheffels.............	160	7	3	6
Cayenne. (Comme France.)				
Ceylan (*Ile, Indes Orientales*). Seer pour le blé....	1	0	6	0
Parah = 5,625 gallons imp. anglais....	25	5	5	2
Chili (Voir Santiago).				
Christiania (*Norvège*). Voir Copenhague.				
Chypre (*Ile de la Méditerranée*). Cottino (environ).	18	0	0	0
Medimmo pour les grains..............	75	0	9	5
Moos ou M[illegible], qui pèse 44 okes = 55.792 kil.				
Clèves. Hart ancien à 15 malters, 60 scheffels, 240 viertels..........................	3216	1	2	0
(Mesures nouvelles, comme Berlin.)				
Cologne. Malter ancien = 8 fass, 18 viertels......	143	5	4	0
(Mesures nouvelles, voir Berlin.)				

VILLES ET PAYS	Litres.	Décilitres.	Centilitres.	Millilitres.
Constantinople. Kilo pour les grains	35	2	7	0
1 Fortin à 4 kilos	141	0	8	0
Cette mesure est la mesure légale pour tout l'Empire.				
3 kilos de Const. = à 2 kilos de Smyrne				
4 — = à 1 kilo de Salonique				
1 kilo d'orge pèse 22 à 25 okes.				
1 kilo riz pese environ 12 okes.				
Copenhague (*Danemark*). Pott	0	9	6	6
Tonne, mesure de blé à 144 potts	139	1	1	0
Last = à 22 tonnes.				
Corfou (*Iles Ioniennes*). Ancien moggio à 8 mesures	468	0	0	0
(Mesures nouvelles, voir Athènes.)				
Corse. Stajo ancien à 12 bacini	150	0	0	0
(Mesures nouvelles, comme France.)				
Cracovie (*Galicie Autrichienne*). Kwarta ou quart	0	9	6	0
Korezets à 128 kwarty ou quarts	122	9	8	6
(Mesures nouvelles, voir Vienne.)				
Cuba (*Ile*). Comme Havane.				
Curaçao (*An'illes Irlandaises*). Comme Amsterdam.				
Damas (*Syrie*). Comme Constantinople.				
Danemark. (Voir Copenhague)				
Dantzick. Scheffel ancien	48	2	0	0
Last à 60 scheffels	2898	0	0	0
(Mesures nouvelles, comme Berlin.)				
Darmstadt. Mœchen pour les grains	0	5	0	0
Malter à 4 simmers = 64 gescheids = 256 mœchens	130	0	0	0

VILLES ET PAYS	Litres.	Décilitres.	Centilitres.	Millilitres.
Deméraray. (Comme Londres).				
Dresde (*Saxe*). Scheffel pour les grains........ ...	105	1	0	0
Vispel à 2 malters, 24 scheffels, 94 viertels....................	2522	4	0	0
Drontheim. (Comme Copenhague).				
Dublin (*Irlande*). Voir Londres.				
Ecosse. Mesures anciennes. Tirlot pour les blés...	35	0	0	0
Tirlot pour l'orge et l'avoine	55	0	0	0
(Mesures nouvelles, voir Londres.)				
Edimbourg. (Comme Londres).				
Erfurt (*Prusse*). Comme Berlin.				
Espagne. (Voir Madrid).				
Ferrare (*Italie*). Moggio ancien à 20 staja = 80 quartes	621	8	5	8
Moggio à 8 sacchi de 25 staja ...	746	2	3	0
(Mesures nouvelles, voir Italie).				
Fiume. (Comme Vienne).				
Florence. Stajo ancien à 4 quarti 32 mezzetti.....	24	3	7	5
Moggio à 8 sacs de 24 staja...........	585	0	0	9
(Mesures nouvelles, voir Italie.)				
Francfort-sur-Mein. Gescheid pour les grains...	1	7	9	2
Malter à 4 simmers = à 64 gescheids..... .	114	7	2	9
Francfort-sur l'Oder. (Comme Berlin).				
France (Voir Paris).				
Fribourg. Sac ancien à 8 bichets................	122	0	0	0
(Mesures nouvelles, voir Suisse.)				

VILLES ET PAYS	Litres.	Decilitres.	Centilitres.	Millilitres.
Fulde (*Hesse-Electorale*). Tpœfchen pour les grains	1	2	9	3
Malter à 8 mass = 32 metzens = 128 Tpœfchens.........................	175	5	7	0
Galatz. (Comme Jassy).				
Gênes. Mina ancienne à 4 staja = 8 quarti = 96 gombette.........................	114	5	7	0
(Mesures nouvelles, voir Italie.)				
Genève. Sac ou coup ancien	77	6	0	0
(Mesures nouvelles, comme Suisse.)				
Gibraltar. (Voir Londres et Madrid).				
Glaris. (Voir Suisse).				
Glascow (*Ecosse*). Comme Londres.				
Goa (*côte de Malabar*). Comme Lisbonne.				
Gotha (*duché de Cobourg*). Ancien metzen pour les grains............................	5	4	7	6
Malter à 2 scheffels = 4 viertels, 16 metzens	87	6	1	7
(Mesures nouvelles, comme Berlin.)				
Grenade (*Espagne*). Voir Madrid.				
Guatemala. (Comme Cadix).				
Hambourg. Scheffel pour le blé à 2 fass..........	105	5	0	0
Scheffel pour l'avoine et l'orge à 3 fass	158	2	5	0
Last à 90 fass = 31 à 31 1/2 hectolitres				
Tonne pour le sel	164	7	9	0
Hanovre. Himten pour le blé....................	31	1	5	4
Last à 16 malters = 96 himtens = 384 metzens.........................	2990	4	9	6

VILLES ET PAYS	Litres.	Decilitres.	Centilitres.	Millilitres.
Havane (Ile, Antilles). Fanega pour les grains à 200 libras	105	7	1	0
(Presque le double de la fanega de Madrid)				
Havre. Ancien boisseau	38	3	0	0
Heidelgerg. (Comme Carlsrhue).				
Hollande. (Voir Amsterdam).				
Hongrie (Comme Vienne).				
Irlande. (Comme Londres).				
Italie. Mesures nouvelles pour toute l'Italie, depuis 1859.				
Litre	1	0	0	0
Decalitre	10	0	0	0
Hectolitre	100	0	0	0
Jamaïque (Ile). Comme Londres.				
Japon (Asie Royanne). Kock	173	8	5	0
Jassy (Moldavie). Kilo pour les grains	435	0	0	3
Kœnigsberg (Prusse). Last ancien à 60 scheffels	2912	3	0	0
Mesures nouvelles (Comme Berlin).				
Lauzanne (Suisse). Ancien quarteron	14	0	0	0
(Mesures nouvelles voir Suisse).				
Leipzig (Saxe). Scheffel pour les grains	103	8	2	8
Vispel à 2 malter 24 scheffels	2491	8	7	2
Lemberg (Gallicie autrichienne). Comme Vienne.				
Liége. Ancien setier à 8 muddes	29	3	0	0
Mesures nouvelles (Comme Bruxelles).				

VILLES ET PAYS	Litres.	Décilitres.	Centilitres.	Millilitres.
Lima (*Pérou*). Comme Madrid.				
Lisbonne. Alquière pour le blé et le sel...........	13	5	2	0
Fanega à 4 alquières..................	54	0	8	0
Moyo à 60 alquières.................	811	2	3	0
100 Alquières de Lisbonne 79 1/3 alquières de Porto ou Oporto.				
5 Fanegas de Lisbonne = 4 fanegas (*de Oporto*).				
Liverpool. (Comme Londres).				
Livourne (*Italie*). (Comme Florence).				
(Mesures nouvelles, voir Italie).				
Londres. Impérial standard-gallon....	4	5	4	3
Bushel à 8 gallons....................	36	3	4	8
Quarter à 8 bushels 64 gallons..........	290	7	8	1
Last 2 weys, 10 quarters 40 strikes, 86 bushels..	2901	8	4	0
Chaldrons à 12 sacks.....................	1308	5	1	6
Lubeck (*Allemagne*). Scheffel pour le froment et le seigle	33	4	0	0
Scheffel pour l'avoine........	39	2	4	0
1 Last = 8 droemts = 24 tonnes = 96 scheffels.				
Lucerne. (Voir Suisse).				
Lucques (*Italie*). Stajo ancien	24	5	0	0
Sacco à 3 staja anciens..........	73	5	0	0
(Mesures nouvelles, voir Italie).				
Lyon Asnée ancienne à 6 bichets............ . .	192	0	0	0
Madère. Alquières pour blé....................	14	1	0	0
Madras (*Indes-Orientales*) Mercal pour blé	12	2	9	0
Garce à 400 mercals.....	4916	0	0	0

VILLES ET PAYS	Litres.	Décilitres.	Centilitres.	Millilitres.
Madrid. Fanega pour les grains = à 12 almudes..	54	8	0	0
Chaiz à 12 fanegas,....................	657	6	0	0
Malaga. (Comme Madrid).				
Malte (*Ile de la Méditerranée*). Salme rase à 16 tomolés pour le froment et l'orge..	289	6	7	2
Salme comble pour les légumes et les graines oléagineuses, 15 0/0 en plus..	334	6	6	0
Manille (*Iles Philippines*). Caban pour le riz.......	98	2	8	0
Dans le commerce en gros, le riz se vend au poids de pecul, comme Canton. 1 Pecul = à 100 katty 60, 105 kil.				
(Mesures du pays, comme Madrid.)				
Mantone (*Italie*). Sac ancien à 8 staja 12 quartes..	403	8	1	5
(Mesures nouvelles voir Italie.)				
Maroc (*Empire Afrique*). Mudd ou almuda........	14	0	0	0
Sahh a 4 mudds.........	56	0	4	0
Marseille. Charge ancienne......................	154	7	5	0
Charge actuelle....................	160	0	8	0
Mesures nouvelles (Comme France.)				
Martinique (Voir Paris).				
Mayence. Ancien malter pour le blé.......	109	3	8	0
(Mesures nouvelles, comme Darmstad.)				
Melbourne (*Australie*). (Comme Londres.)				
Messine (*Sicilie*). Salma pour les grains....	87	3	3	7

VILLES ET PAYS	Litres.	Décilitres.	Centilitres.	Millilitres.
Mexique (*Amérique*). (Comme Madrid).				
Milan. Ancien moggio à 8 staja	446	2	3	7
Soma pour le riz à 12 staja	219	3	5	7
(Mesures nouvelles, voir Italie).				
Moka (*Arabie*). Les grains se vendent au poids = Teman pour le riz à 40 kellas = à 76,200 kil.				
Montpellier. Setier ancien à 2 emines	61	6	0	0
Montevideo (*Amérique du Sud, Urugay*). Comme Madrid.				
Monréal (*Bas-Canada*). Comme Québec.				
Moscou. (Comme St-Pétersbourg).				
Mozambique (*côte d'Afrique*). Comme Lisbonne.				
Munich (*Bavière*). Boisseau pour les grains	37	0	6	0
Scheffel à 6 boisseaux	222	3	6	0
Scheffel pour l'avoine, à 7 boiss.	259	4	2	0
Nantes. Ancien setier à 16 boisseaux	138	6	0	9
Naples (*Italie*). Tomolo	51	5	5	6
Carro à 36 tomoli	1856	0	1	6
Neufchâtel (*Suisse*). Pot ancien pour les grains	1	9	0	4
Muid à 24 emines = à 193 pots	365	6	1	3
(Mesures nouvelles, voir Suisse.)				
Newcastle (*Angleterre*). Comme Londres.				
Nouvelle-Orléans (*Etats-Unis d'Amérique*). Comme New-York.				
New-York. (Comme Londres).				
Nice (*Provence*). Charge ancienne à 4 setiers	160	0	0	0
(Mesures nouvelles, comme France.)				

VILLES ET PAYS	Litres.	Décilitres.	Centilitres.	Millilitres.
Nuremberg. Malter ancien à 16 metzens.........	318	1	3	8
(Mesures nouvelles, comme Munich.)				
Odessa. (Comme St-Pétersbourg).				
Orléans. Ancien muid à 12 mines = 48 boisseaux.	403	2	0	0
Oporto ou Porto (Portugal). Alquière p. les grains.	17	4	6	3
Fanga à 4 alquières...	69	8	6	0
Moyo à 15 fangas......	1047	9	0	0
Raza pour le sel	44	0	8	0
Milheiro à 336 raras..	14800	0	0	0
5 1/2 alquières = à 1 hectolitre.				
Padoue (Italie). Ancien moggio à 12 staja....... ...	347	8	0	2
(Mesures nouvelles, voir Italie.)				
Palerme (Sicilie). Tomoio à 4 mondelli............	16	4	5	6
Salma à 16 tomoles, 64 mondelli..... ...	263	5	1	1
Grande salme comble pour les légumes et la graine de lin, à 20 tomoles.....	327	9	2	5
Paris. Litron, mesure ancienne................	0	8	7	5
Boisseau à 16 litrons....................	14	0	0	8
Setier pour le grain à 12 boisseaux........	168	0	9	6
Mine à 1/2 setier.......	84	0	4	8
Minot à 1/4 setier.........................	42	0	2	4
Setier pour l'avoine, à 24 boisseaux......	336	1	9	2
Mesures nouvelles : Litre	1	0	0	0
Décalitre	10	0	0	0
Hectolitre	100	0	0	0
Parme (Italie). Stajo à 16 quartaroles	47	0	4	0
(Mesures nouvelles, voir Italie.)				
Patras (Grèce). Voir Athènes.				

VILLES ET PAYS	Litres.	Décilitres.	Centilitres.	Millilitres.
Parie (*Italie*). Sac à 6 mines, 12 quartares.......	122	2	6	3
(Mesures nouvelles, voir Italie.)				
Pesth (*Hongrie*). Voir Vienne.				
Pétersbourg (*Saint-*) (*Russie*) Garnietz p. les grains	3	2	7	9
Tschetwerich à 8 garnietz............	26	2	3	7
Tschetwert = à 8 tschetwerich = à 64 garnietz........................	209		9	00
Plaisance (*Italie*). Stajo à 2 mines = 15 copelli...	34	8	2	0
(Mesures nouvelles, voir Italie.)				
Pologne. (Voir Varsovie).				
Pondichéry (*Indes-Orientales*). Pakka.	1	4	9	5
Markal à 2 pakkas.	2	9	9	0
12 markais = 1 bushel anglais......	35	8	9	5
Garce à 125 gallons = 64 sacs de grain (suivant Deschamps)............	4486	9	0	0
Port-au-Prince (*Haïti*). Pour les grains : Bushel anglais à 8 gallons.				
Porto. (Voir Oporto).				
Porto-Ricco (*Antilles*). Comme Havane.				
Portugal. (Voir Lisbonne).				
Prusse. (Voir Berlin).				
Québec (*Bas-Canada*). Pour les grains :				
Ancien minot français	39	0	2	5
90 minot français = à 100 bushels.	3634	7	7	6
Ragusi (*Dalmatie*). Stajo à 6 roupells..............	140	0	0	0
Rangon (*Empire de Birman, Asie*). Les grains se vendent au poids.				
Paiktka = à 1,655 kilogr.				
Ten ou Basket (panier) à 16 paiktkas = à 26,490 kilogrammes.				
Caudy à 150 paiktkas = 248,340 kilogr.				

VILLES ET PAYS	Litres.	Décilitres.	Centilitres.	Millilitres.
Ratisbonne (*Bavière*). Metzen pour les grains	32	7	5	0
Mans à 8 metzens..........	261	0	0	0
(Mesures nouvelles, voir Munich.)				
Revel (*Russie*). Mesures anciennes : 1 Loof	42	3	7	3
Last à 24 tonnes = à 72 loofs	3050	8	5	6
(Mesures nouvelles, comme St-Pétersbourg.)				
Riga (*Russie*). Ancien Loof à 6 kulmets	68	8	6	3
Tonne à 2 Loofs	137	7	2	6
3 Loofs = 1 Tschetwert.				
(Mesures nouvelles, comme St-Pétersbourg.)				
Rio Janeiro (*Brésil*). Comme Lisbonne.				
Rome. Stajo..................................	23	3	8	4
Rubbio à 4 quartes = 12 staja...........	280	6	4	8
Rostock (*Mecklembourg Schwerin*).				
Scheffel pour les grains	37	8	9	0
Scheffel pour l'avoine.................	42	8	2	0
1 Last = à 96 Scheffels.				
Russie. (Voir St-Pétersbourg).				
Santiago (*Chili*). Mesures anciennes, voir Madrid.				
(Mesures nouvelles, système métrique français.)				
San Francisco (*Californie*). Comme New-York.				
Saint-Thomas. (Comme Copenhague).				
Saragosse (*Espagne*). Fanega pour les grains.....	22	5	5	0
Cahiz à 8 fanegas, 96 almudas........	180	4	0	0
Sardaigne. (Voir Cagliari).				
(Mesures nouvelles, voir Italie.)				

VILLES ET PAYS	Litres.	Décilitres.	Centilitres.	Millilitres.
Sévilie. (Comme Madrid).				
Shang Haï (*Chine*). Comme Canton				
Sicilie. (Voir Palerme et Messine).				
(Mesures nouvelles, voir Italie).				
Singapore. Le riz et le froment se vendent au poids Sac de 2 Bazar-mauds = 74,510 kilogr.				
Sinigaglia (*Italie*). Comme Ancône,				
Smyrne (*Turquie*). Kilo de Smyrne pour les grains = 1 1/2 kilo de Constantinople	52	8	9	9
Depuis 1841, le kilo de Constantinople est la mesure légale pour tout l'Empire.				
1 kilo de blé = 32 okes = 41,000 kilogr.				
1 kilo de riz = 10 okes = 12,850 kilogr.				
Stockholm (*Suède*) Mesures anciennes :				
Tunna ou barile, mesure rase..	146	5	0	0
Kanne nouvelle depuis 1858...	2	6	1	7
Pied cube = 10 kannes.......	26	1	7	2
Suède (Voir Stockholm).				
Stuttgartd. Simri pour les grains	22	1	5	0
Scheffel à 8 Simri	177	2	2	6
Suisse. (Mesures nouvelles pour toute la Confédération).				
Quarteron	15	0	0	0
Malter à 10 quarterons	150	0	0	0
Sumatra (*Ile, Indes-Orientales*). Chupah.	1	0	3	2
Coyan à 4 chupahs	4	1	2	8
Surinam (*Guiane*). Voir Amsterdam.				
Sydney (*Australie*) Comme Londres.				
Taganrok. (Comme St-Pétersbourg).				

VILLES ET PAYS	Litres.	Décilitres.	Centilitres.	Millilitres.
Tehéran (*Perse*). Chenica pour les grains	1	3	0	3
Artaba à 25 heminas = 50 chenicas	65	1	8	0
Le riz et les légumes se vendent au poids.				
Trieste. Ancien stajo à 3 polliniki..............	81	8	3	6
5 stares = à 6 metzens de Vienne.				
(Mesures nouvelles, comme Vienne.)				
Toulouse Setier ancien à 4 pugnères....	83	6	0	0
Toulon. Ancienne carga à 3 setiers...	460	0	0	0
Trent (***Tyrol***). Soma à 8 staja..................	169	0	0	0
Tripoli (***Afrique***). Nufs orbah pour les grains.....	3	3	5	4
Ueba à 4 temen = à 16 orbahs = 32 nufs orbahs...........	107	3	5	0
Kafis à 20 tiberi...........	326	7	4	0
Tunis (***Afrique***). Sàa....	44	0	3	3
Ueba..	33	0	2	5
Kafis à 12 sàas = à 16 uebas.....	528	4	0	0
Turquie. (Voir Constantinople).				
Turgovie (Voir Suisse)				
Turin. Ancien sac à 5 émines = 40 coppes.......	115	0	2	8
(Mesures nouvelles, voir Italie).				
Valachie. (Voir Bucharest).				
Valence (***Espagne***). Barchilla.....................	16	9	1	6
Cahiz à 12 barchillas	203	0	0	0
Varsovie (***Pologne***). Mesures anciennes : Kwart...	1	0	0	0
1 Korzei à 128 kwarts.........	128	0	0	0
1 Last à 30 korzeis	3840	0	0	0
(Depuis 1848, comme St-Pétersbourg.)				

VILLES ET PAYS	Litres.	Décilitres.	Centilitres.	Millilitres.
Venise. Moggio ancien à 4 staja = 8 mezzeni....	333	2	6	9
(Mesures nouvelles, voir Italie).				
Vérone (*Italie*). Sac ancien à 3 minales...........	114	6	5	4
(Mesures nouvelles, voir Italie.)				
Vienne (*Autriche*). Pour les grains et toutes les matières sèches :				
Metzen, boisseau à 16 massels........ ...	61	5	2	6
Muth à 30 metzens.....................	1845	7	8	0
Wiesbaden (*duché de Nassau*). Malter = à 1 hectol. 10 décalitres à 100 litres	100	0	0	0
(Mesures nouvelles depuis 1847, comme France.)				
Zante (*Iles Ionoiennes*). Bacile (72 livres de poids).	44	0	0	0
Zug (Voir Suisse).				
Zurig. Viertel ancien	20	5	3	3
Mut de blé à 4 viertels..................	82	1	2	3
(Mesures nouvelles, voir Suisse.)				

TABLEAU VI

POIDS MODERNES

VILLES ET PAYS	Kilogrammes	Hectogramm.	Décagrammes	Grammes.
Abo (*Russie*). Comme St-Pétersbourg.				
Abyssinie (*Afrique*). Rottolo à 12 Wakeas = 120 Drachmes	0	3	1	1
Abuker (*Perse*). Maurd Tabre du Bazar	2	8	1	9
Acapulco (*Mexique*). Comme Madrid.				
Achem (*Ile de Sumatra*). Comme Batavia.				
Mesure du pays = Cattis à 2 Bunkals	0	9	6	0
100 Cattis	96	0	0	0
Aden (*Arabie Felix*). Kailà à 3 foummins = 12 roubba	5	1	9	6
Acre (*St-Jean-d'*). (*Syrie*). Rottolo p le coton brut.	2	2	0	7
Rottolo p. le coton filé	2	0	3	7
Dans les autres commerces, le Rottolo est compté	2	0	5	6
Alep (*Syrie*). Pour la noix de galle, le tabac et le coton, rottolo à 12 onces = 720 drachmes	2	2	8	0
Pour la soie de Syrie, rottolo a 700 —	2	2	1	6
Pour la soie de Perse, rottolo à 680 —	2	1	5	3
Rottolo de Damas à 600 —	1	9	0	0
Oke de 400 —	1	2	6	6
Vesno à 5 rottoli = à 9 okes	11	3	9	4
Alexandrie (*Egypte*). Rottolo du Gouvernement à 12 onces = 144 drachmes	0	4	4	4
Quintal du Gouvernement à 100 rottoli	44	4	7	3
Rottolo forforo usité en commerce, à 140 drachmes	0	4	3	2
Quintal forforo de 100 rottoli	43	2	3	8
Oke à 400 drachmes	1	2	3	5

1 drachme = 3,0884 grammes.

VILLES ET PAYS	Kilogrammes	Hectogramm.	Décagrammes	Grammes.
Alexandrie (*Italie*). Livre à 12 onces...	0	3	1	4
(Poids nouveaux, voir Italie.)				
Alger. Poids anciens :				
Rott-ettari ou livre pour les drogueries..	0	5	4	6
Rott-gheddari ou livre pour les fruits et les légumes verts, à 16 onces.........	0	5	3	4
Rott-kebir ou livre grosse de 27 onces...	0	9	2	1
(Poids nouveaux, comme France.)				
Alicante. Grosse livre pour les amandes, la laine, l'anis et les fruits	0	5	3	4
Petite livre pour les drogueries et les denrées coloniales	0	3	5	6
Arroba à 24 grosses livres = 36 p. livres	12	8	1	6
Quintal à 4 arrobas.	54	2	6	4
Almissa (*Dalmatie*). Oke....................	1	4	2	2
Altembourg (*Duché*). Pfund ou livre ancienne.....	0	4	6	4
(Poids nouveaux, comme Berlin.)				
Altona. (Voir Hambourg).				
Amboine (*Indes-Orientales*). Bœhar.............	270	6	5	8
Amsterdam. Pfund ou livre ancienne à 16 onces..	0	4	9	3
Pfund médical. 1 pfund = 12 onces = 96 drachmes = 288 scrupules = 5760 grains..................	0	3	7	5
Pond nouveau depuis 1816......... .	1	0	0	0
100 ponds.	100	0	0	0
Karat pour l'or et l'argent = 20,5894 gram.				
Last des navires ou tonneau de mer, à 4000 pfunds......................	1975	7	0	4

VILLES ET PAYS	Kilogrammes	Hectogramm.	Décagrammes	Grammes.
Ancone (*Italie*). Livre ancienne à 12 onces........	0	3	2	9
Andrinople (*Turquie*). Comme Constantinople.				
Anhalt (*Allemagne*). Voir Berlin.				
Angleterre. (Voir Londres).				
Anvers. Livre ancienne à 16 onces	0	4	6	8
(Poids nouveaux, voir Bruxelles.)				
Appenzel. Livre ancienne à 40 loths.......	0	5	8	1
Livre légère à 32 loths	0	4	6	5
1 quintal = 100 livres légères.				
(Poids nouveaux, voir Suisse.)				
Aquisgrana. Livre à 16 onces	0	4	6	7
Schiff à 30 livres..................	14	0	1	1
Arabie. Ratle	47	6	5	0
Bahar à 15 frazels.......................	233	3	2	3
Aragon. (Voir Saragosse).				
Arau. Livre ancienne à 32 loths................	0	4	7	6
Poids nouveaux, voir Suisse.)				
Assomption (*Paraguay*). Livre..................	0	4	9	6
Arrobe à 25 livres..................	12	5	0	0
Pesada pour les peaux à 35 livres....	16	1	1	0
Asti (*Italie*). Livre ancienne à 12 onces......... .	0	3	6	8
(Poids nouveaux, voir Italie.)				
Astracan. (Comme St-Pétersbourg).				
Athènes (*Grèce*). Mine royale à 1,500 drachmes (gr.)	1	5	0	0
Talante a 100 mines	150	0	0	0
Poids anciens : oke ou stadera à 400 drachmes anciennes........	1	2	8	0
Tonne de navire à 100 talents ...	1500	0	0	0

VILLES ET PAYS	Kilogrammes	Hectogramm.	Décagrammes	Grammes.
Augsbourg. (Comme Munich).				
Marc d'Augsbourg pour l'or et l'argent, = 235,924 grammes.				
Autriche. (Voir Vienne).				
Avignon. Livre ancienne	0	4	0	9
Bahia (*Brésil*). Comme Lisbonne.				
Baden. (Voir Carlsrhue).				
Bâle (*Suisse*). Livre ancienne à 16 onces..........	0	4	0	9
(Poids nouveaux, voir Suisse.)				
Baltimore. (Comme New-York).				
Bamberg. (Comme Munich).				
Bankok (*Asie, royaume de Siam*). Kœtti Siamois..	1	2	0	9
1 Pécul à 50 kœttis à 20 Tails, à 4 Tikals.	58	5	0	0
Tical pour l'or et l'argent = 15,592 gram.				
Barcelonne. Livre de Catalogne à 12 onces.......	0	4	0	0
Quintal catalan a 4 arrobas = 104 liv.	41	6	0	0
Last de navire = 3 quintaux.				
Pour l'or et l'argent, marc = 267,333 gr.				
Bassora (*Arabie, ville de l'ancienne Chaldée, Asie*).				
Vakia Attari ou de Bagdad..............	0	5	3	8
Rottel à 14 1/2 Vakias Attari ou de Bagdad	7	7	9	0
Maund attari à 24 vakias de Bagdad.....	12	9	2	7
Vakia sofi ou de Bassora...............	1	7	0	5
Maund sofi ou de Bassora...............	40	9	3	6
Oke de Bagdad à 2 1/2 vakias attari......	1	3	4	6
Pour l'or et l'argent, Miskal = 4,665 gr.				

VILLES ET PAYS	Kilogrammes	Hectogramm.	Décagrammes	Grammes.
Batavia (***Ile de Java***). Tail à 100 candarines.......	0	0	3	7
Catty à 16 tails	0	6	0	1
Pikol à 100 cattys..........	60	1	0	5
Pour l'or et l'argent, marc de Troy hollandaise = 246,08386 grammes.				
Bavière. (Voir Munich).				
Bayonne. Livre ancienne......................	0	4	8	9
Belgique (Voir Bruxelles).				
Belgrade (***Servie***). Oke = à 2 1/4 pfunds de Vienne	1	4	6	0
Tovar à 100 okes..............	146	0	0	0
La laine et le tabac se vendent à pfund ou livre de Vienne............	0	5	6	0
Bengala. (Comme Calcutta).				
Bergame (***Italie***). Ancienne livre grosse à 30 onces.	0	8	1	2
Petite livre à 12 onces..	0	3	2	5
(Poids nouveaux, voir Italie.)				
Berghen (***Norwège***). Comme Copenhague.				
Berlin (***Prusse***). Poids anciens :				
Pfund ou livre p. les marchandises à 32 lots	0	4	6	8
Pfund nouveau depuis 1816 à 32 lots......	0	4	6	7
Marc ancien pour les monnaies....	0	2	3	3
Livre nouvelle depuis 1858....	0	5	0	0
Cette livre est adoptée pour l'or, l'argent et pour le poids médical, et se divise en 30 lots = 300 quentins =3000 zents = 30000 korns ou grains				
1 quintal à 100 livres....	50	0	0	0
Last de navire à 4000 livres............	2000	0	0	0
Berne (***Suisse***) Pfund ancien à 32 lots	0	5	2	0
Livre ancienne pour l'or et l'argent, 16 onces	0	8	4	9
(Poids nouveaux, voir Suisse.)				

VILLES ET PAYS	Kilogrammes	Hectogramm.	Décagrammes	Grammes.
Betelfaki (*Arabie*). Maund	0	9	2	5
Faersel à 10 maunds	9	2	5	0
Bœkar à 40 Faersels	369	9	0	0
10 faersels = à 7 faersels de Moka.				
Bilbao (*Espagne*). Livre	0	4	8	9
La livre de Bilbao est de 29 grammes de plus que la livre de Castiglie.				
Beyrouth (*Syrie*). Voir Constantinople et Alep.				
Bohême. Ancien pfund pour les marchandises à 32 lots	0	5	1	4
(Poids nouveaux, comme Vienne.)				
Bologne (*Italie*). Livre ancienne à 12 onces	0	5	1	4
(Poids nouveaux, voir Italie.)				
Bokara (*Asie intérieure*). Batman = à 312 livres russes	127	7	6	7
Bombay (*Indes Orientales*). Mund à 40 seers	12	7	0	0
Candy à 20 munds	254	0	0	0
Pour l'or et l'argent, Tola qui se divise en 100 grains = à 11,599 grammes.				
Poids pour les perles, Tang à 40 grains = 4,6656 grammes.				
Bordeaux. Livre ancien	0	4	8	9
Borneo. (Voir Batavia).				
Boston. (Comme New-York).				
Bourbon (*Ile de la Réunion*). Comme France.				
Brasil. (Comme Lisbonne),				

VILLES ET PAYS	Kilogrammes	Hectogramm.	Décagrammes	Grammes.
Brême (*Allemagne*). Livre ancienne à 32 loths....	0	4	9	7
Livre nouvelle, poids légal depuis 1858....	0	5	0	0
Quintal à 100 livres....................	50	0	0	0
(Cette livre sert comme poids médical et de pharmacie.)				
Le poids de l'or et de l'argent est l'ancien marc de Cologne.				
Brescia (*Italie*). Livre ancienne à 12 onces.......	0	3	2	0
Breslau (*Silésie*). Pfund ou livre ancienne à 32 loths	0	4	0	5
(Poids nouveaux, comme Berlin.)				
Brunswich (*Allemagne*). Livre ancienne à 16 onces.	0	4	6	7
(Poids nouveaux depuis 1858, comme Berlin.)				
Bruxelles (*Belgique*). Livre ancienne	0	4	6	7
(Poids nouveaux, comme France.)				
Bucharest (*Valachie*) Oke....................	1	2	8	2
Quintal (Kantar) à 44 okes..	56	4	1	0
Buenos-Ayres (*Amérique du Sud*). Comme Madrid.				
Pesada pour les peaux salées à 60 livres.	26	3	6	0
Pesada pour les peaux sèches à 35 livres.	16	0	0	0
Le sel se vend par fanega, 1 fanega ..	54	8	0	0
Cadix. (Comme Madrid).				
Cagliari (*Sardaigne*). Livre ancienne à 12 onces ..	0	3	9	8
(Poids nouveaux, voir Italie.)				
Caire (*Egypte*). Rottolo à 144 drachmes	0	4	4	9
Cantaro à 100 rottoli..............	43	0	8	8
Oke de 400 drachmes.......	1	2	5	0

VILLES ET PAYS	Kilogrammes	Hectogramm.	Décagrammes	Grammes.
Calcutta (*Indes-Or.*). **Maund de Bengale à 40 seers.**	33	8	6	5
Maund du Bazar.............	37	2	5	1
Pour l'or et l'argent, Sicca à 320 grains = 11,640 grammes.				
Canada. (Comme Londres).				
Canaries (*Iles*). Livre........................	0	4	6	0
Arroba à 25 livres	11	5	0	3
Candie ou *Creta* (*Ile de la Méditerranée*).				
Rottolo à 176 drachmes.	0	5	2	8
Cantaro ou quintal à 100 rottoli =144 okes.....	52	8	7	0
Oke à 400 drachmes...	1	2	0	0
Canton (*Chine*). Cattis..	0	6	0	4
Pecul à 100 cattis	60	4	7	8
Cap-de-Bonne-Espérance (Voir Londres).				
Carlsrhue. Pfund ou livre nouvelle.	0	5	0	0
Stein à 10 livres	5	0	0	0
Quintal à 10 steins = 100 livres	50	0	0	0
(Sert comme poids médical et de pharmacie)				
Cassel (*Hesse-Electorale*). Livre forte à 16 onces...	0	4	8	4
Livre légère...........	0	4	6	7
50 livres légères = 57 livres fortes.				
La livre de l'union de douane est la livre de Berlin	0	5	0	0
Le poids pour l'or et l'argent est l'ancien marc de Cologne.				
Le poids médical est celui de Nuremberg.				
Cataro. Oke	1	4	2	2
Ceylan (*Ile, Indes Orientales*). Comme Londres.				

VILLES ET PAYS	Kilogrammes	Hectogramm.	Décagrammes	Grammes.
Chypre (*Ile de la Méditerranée*). Rottolo à 12 onces, 750 drachmes	2	3	7	7
Cantar ou quintal à 100 rottoli	237	7	0	0
Oke à 400 drachmes	1	2	6	8
Chili. Poids anciens, comme Madrid.				
Poids nouveaux, système métrique français.				
Chine. (Voir Canton).				
Christiania (*Norwège*). Voir Copenhague.				
Clèves (*Prusse*). Comme Berlin.				
Coblentz. (Comme Berlin).				
Cobourg (*Saxe-Cobourg*). Pfund ou livre	0	5	0	9
Poids pour l'or et l'argent, comme Cologne.				
Poids médical, comme Nuremberg.				
Cologne (*Prusse Rhénane*). Pfund ancien ou livre pour marchandises, à 32 loths	0	4	6	7
Le marc pour les monnaies et pour l'or et l'argent est subdivisé.				
1 marc = 8 onces = 16 loths = 64 quentins = 256 pfennigs = 512 heller = 4352 eschen = 65536 richtpfen = 233,8123 grammes.				
(Poids nouveaux, voir Berlin.)				
Constantinople. Rottolo ou livre	0	5	6	4
Oke à 400 drachmes	1	2	8	3
Cantar (quintal) à 44 okes = 100 rottoli.	56	4	5	2
Poids pour l'or, l'argent et les pierres précieuses :				
Cheki = 100 drachmes de 1600 karats = 6400 grains = 319,620 grammes.				

VILLES ET PAYS	Kilogrammes	Hectogramm.	Décagrammes	Grammes.
Cheki pour l'opium à 250 drachmes à 2 1/2 chekis ordinaires...........	0	7	9	9
Cheki pour le poil de chameau = 2 okes	2	5	6	6
Batman de soie de Perse = 6 okes.....	7	6	9	8
Copenhague (*Danemark*) Livre à 16 onces, 32 loths.	0	5	0	0
Quintal à 100 livres..................	50	0	0	0
Last ou tonneau à 40 quintaux........	2000	0	0	0
Last de navire à 52 quintaux	2600	0	0	0
Marc pour les monnaies = à 8 onces = 16 loths = 235,400 grammes.				
Corfou (*Iles Ioniennes*). Livre grosse de 2 marcs, 16 onces....................................	0	4	7	7
Petite livre à 12 onces	0	3	0	1
(Poids nouveaux, voir Athènes.)				
Corse. Ancienne livre (sottile)..................	0	3	3	7
(Poids nouveaux, comme Paris.)				
Cracovie (*Galicie Autrichienne*). Pfund ou livre ancienne à 32 loths...	0	4	0	4
Marc pour les monnaies à 16 loths de marc	0	1	9	9
(Poids nouveaux, comme Vienne.)				
Cuba (*Ile*). Comme Madrid.				
Curaçao (*Antilles Irlandaises*). Comme Amsterdam.				
Dalmatie. (Voir Ragusi).				
Damas (*Syrie*). Comme Constantinople.				
Danemark. (Voir Copenhague).				
Dantzick (*Prusse*). Livre ancienne à 16 loths	0	4	6	8
(Poids nouveaux, comme Berlin.)				

VILLES ET PAYS	Kilogrammes	Hectogramm.	Décagrammes	Grammes.
Darmstadt. Pfund ou livre ancienne à 32 loths....	0	4	6	7
Livre nouvelle depuis 1858...........	0	5	0	0
Quintal ou 100 livres	50	0	0	0
Pour l'or et l'argent, c'est la même livre.				
Divisée : 1 livre = 32 lots = 128 quentins = 512 richtpfennigs.				
Le poids médical et de pharmacie est la livre de Nuremberg.				
Dresde *(Saxe)*. Pfund ancien à 32 loths..........	0	4	6	6
Marc pour les monnaies à 16 loths de marc = 233,462 grammes.				
Livre nouvelle = à 30 loths nouveaux....	0	5	0	0
Quintal à 100 livres....................	50	0	0	0
La même livre sert pour l'or et l'argent.				
Divisée : 1 livre = 30 loths = 300 quentins = 3000 cents = 30000 korns (grains).				
Drontheim. (Comme Copenhague).				
Dublin *(Irlande)*. Voir Londres.				
Dunkerque. Livre ancienne	0	4	2	1
Ecosse. (Voir Londres).				
Edimbourg. (Comme Londres).				
Espagne. (Voir Madrid).				
Filadelphie *(Amérique du Nord)*. Comme Londres.				
Fiume. *(Hongrie)*. Comme Vienne.				
Florence. Livre ancienne à 12 onces.............	0	3	3	9
Quintal à 100 livres	33	9	5	4
Tonneau à 20 quintaux de 2000 livres ..	679	0	8	4
(Poids nouveaux, voir Italie)				

VILLES ET PAYS	Kilogrammes	Hectogramm.	Décagrammes	Grammes.
Francfort-sur-Mein. Pfund ou livre légère........	0	4	6	7
— grosse.........	0	5	0	5
La livre légère sert pour les matières d'or et d'argent et est subdivisée comme suit : 2 marcs = 32 loths = 128 quentins = 512 pfennings.				
Livre de l'union des douanes............	0	5	0	0
Quintal à 100 livres	50	0	0	0
Francfort-sur-l'Oder. Pfund.....................	0	4	6	4
(Poids nouveaux, comme Berlin.)				
France (Voir Paris).				
Fribourg. (Voir Suisse).				
Galatz (*Moldavie*). Comme Jassy.				
Gênes. Livre ancienne à 12 onces.....	0	3	1	6
Rotolo ancien à 18 onces...............	0	4	7	5
Rubbo à 25 livres......................	7	9	2	0
Cantaro à 100 rotoli, 6 rubbi............	47	5	2	4
Poids pour le bois à 4 cantara	190	0	9	9
(Poids nouveaux, voir Italie.)				
Genève. Livre grosse à 18 onces.................	0	5	5	0
Livre petite à 15 onces	0	4	5	8
Pour l'or et l'argent on emploie l'ancien marc de Paris divisé en 32 karats = 241,753 gr.				
Poids médical : 1 livre à 500 grammes, divisée en 16 onces à 8 drachmes, à 3 scrupules, à 14 grains = à 9216 grains.				
(Poids nouveaux, voir Suisse.)				
Gibraltar. (Voir Londres et Madrid).				

VILLES ET PAYS	Kilogrammes	Hectogramm.	Décagrammes	Grammes.
Glaris. (Voir Suisse).				
Glascow (*Ecosse*). Comme Londres.				
Goa (*côte de Malabar*). Comme Lisbonne.				
Gotha. Pfund ou livre ancienne............	0	4	6	7
1 quintal = 110 livres.				
Poids médical, comme Nurembberg.				
Pour l'or et l'argent, marc de Gotha = 1/2 livre = 233,8555 grammes.				
(Poids nouveaux, comme Berlin.)				
Guatemala. (Comme Cadix).				
Hambourg. Pfund ou livre ancienne à 32 loths...	0	4	8	4
Quintal ancien à 112 livres..........	54	2	2	1
Livre nouvelle légale depuis 185[illegible] de 10 onces, 100 quintins, 1000 demi gr.	0	5	0	0
Quintal à 10[illegible] livres...............	50	0	0	0
Pour l'or et l'argent, marc de Cologne = 233,8123 grammes.				
La livre médicale est la même (500 gram). divisée : 1 once = 8 drachmes = 24 scrupules = 480 grains.				
Hanôvre. Pfund ou livre ancienne à 16 onces.....	0	4	6	7
Pour l'or et l'argent, marc de Hanôvre = à 1/2 livre ancienne = 233,8[illegible] gram.				
(Poids nouveaux, comme Berlin.)				
Haiti (*Ile de St-Domingue*). Comme Port-au-Prince.				
Havane (*Ile, Antilles*). Comme Madrid.				
Havre. Livre ancienne......................	0	4	8	9
Heidelgerg. (Comme Carlsrhue).				
Hong-Kong. (Comme Canton).				

VILLES ET PAYS	Kilogrammes	Hectogramm.	Décagrammes	Grammes.
Hollande. (Voir Amsterdam).				
Hongrie Oke ancienne	1	2	7	5
(Poids nouveaux, comme Vienne.)				
Hué (Empire d'An-nam, Asie). Comme Canton.				
Ile Maurice. (Comme France).				
Iles Azorres. (Comme Lisbonne).				
Iles Philippines. (Comme Madrid).				
Italie. Livre métrique ou kilogramme	1	0	0	0
Rubbo métrique ou myriagramme....... .	10	0	0	0
Quintal métrique à 10 myriagrammes.....	100	0	0	0
Millier ou tonneau métrique..............	1000	0	0	0
Jamaïque (Ile). Comme Londres.				
Japon. Kin ou livre à 160 monnes...............	0	2	8	0
1 monme = 10 pun = 100 rin = 100 mon.				
1 mon = 1,150 grammes.				
Ce poids sert pour l'argent, l'or et les perles.				
Picul à 100 cattis = 1600 tales............	59	3	4	8
Jassy (Moldavie). Comme Constantinople.				
(On compte 44 okes = 100 pfunds de Vienne.)				
Kœnigsberg (Prusse). Comme Berlin.				
Lauzanne. (Voir Suisse).				
Leipzig (Saxe). Pfund ou livre ancienne	0	4	6	7
Livre nouvelle à 30 loths........	0	5	0	0
Stein à 20 livres.......	10	0	0	0
Quintal à 100 livres.............	50	0	0	0
Pour l'or et l'argent, marc de l'union = 233,8555 grammes.				

VILLES ET PAYS	Kilogrammes	Hectogramm.	Décagrammes	Grammes.
Lemberg (*Gallicie autrichienne*). Voir Vienne.				
Liége. Livre ancienne.	0	4	7	2
(Poids nouveaux, voir Bruxelles.)				
Lima (*Pérou*). Comme Madrid.				
Lisbonne. Livre à 2 marcs = 16 onces = 128 ottavas	0	4	5	9
Rottolo à 12 livres.	5	5	0	8
Arroba à 32 livres	14	6	8	8
Quintal à 4 arrobas = 128 livres	58	7	5	2
La livre de pharmacie ou Arratel = 1 1/2 marc ou 12 onces	0	3	4	4
Pour l'or et l'argent, on emploie le marc divisé en 8 onces, à 64 outavas = 192 escrupulos = 4068 granos,				
1 marc = 229,500 grammes.				
Liverpool. (Comme Londres),				
Livourne (*Italie*). (Comme Florence).				
Londres. Pound ou livre avoir du poids, de 16 onces = 256 drachmes	0	4	5	3
Quintal ou hundred avoir du poids à 112 livres	50	7	9	7
Ton ou tonneau pour les navires de 20 quintaux = à 2240 livres avoir du poids	1015	6	5	0
Poids de Troy pour l'or, l'argent, les monnaies, usité en médecine et en pharm.				
Troy pound ou livre de Troy	0	3	7	3
Le Troy Pound est divisé en 12 onces = 240 deniers = 5760 grains = 373,240 gram.				

VILLES ET PAYS	Kilogrammes	Hectogramm.	Décagrammes	Grammes.
Lubeck (*Allemagne*). Pfund ou livre à 2 marcs. 32 loths	0	4	8	6
Liespfund à 14 pfunds	6	8	0	4
Quintal à 8 liespfunds	52	4	3	2
Schiffund à 20 Liespunds	135	7	2	9
Pour l'or et l'argent, depuis 1856, on emploie le marc de l'union douanière d'Allemagne = 233,8555 grammes.				
Lucerne. (Voir Suisse).				
Lucques. Livre (della grascia) à 12 onces	0	3	3	4
Livre (della commissione)	0	3	4	1
(Poids nouveaux, voir Italie.)				
Luxembourg. (Comme Amsterdam).				
Lyon. Livre ancienne pour la soie	0	4	5	8
Livre de ville	0	4	2	0
(Poids nouveaux, voir Paris.)				
Madère (*Ile*). Comme Lisbonne).				
Madras (*Indes-Orientales*). Maund	11	3	3	0
Candy à 20 maunds	226	7	7	7
Pécul = 132 livres de Londres	59	8	7	5
Pour l'or et l'argent, livre de Troy anglaise.				
Madrid. Livre de Castille à 16 onces, 256 adarmes	0	4	6	0
Arroba à 25 libras	11	5	0	0
Quintal à 4 arrobas, à 100 livres	46	0	1	1
Quintal Macho ou grand quintal, à 6 arrobas = 150 livres	69	0	1	6
Pour l'or et l'argent, marc de Castille = 280.0[illegible]4 grammes.				
Le poids médical et pharmaceutique est le même marc avec la subdivision : 1 marc = à 8 onces de 8 drachmas.				
Le drachmas = 8 escrupules 2 oboles = 4608 granos				

NOTA. — Le système métrique français a été adopté légalement depuis le 1er janvier 1859, mais les poids et les mesures de Castille sont encore en usage.

VILLES ET PAYS	Kilogrammes	Hectogramm.	Décagrammes	Grammes.
Magador. (Comme Marocco).				
Magdebourg. (Comme Berlin).				
Malaga. (Comme Madrid).				
Carga de raisins secs à 2 paniers ou 7 arrobas	80	5	0	0
Tonneau d'amandes = 3 quintaux ou 300 livr.	138	0	4	2
Last de navire est compté 5 pipas de vin, 50 paniers de raisins.				
Malte (*Ile de la Méditerranée*). Livré à 12 onces.....	0	3	1	6
Rottolo à 30 onces...	0	7	9	2
Quintal à 100 Rottoli.	79	2	0	0
Manille (*Iles Phillipines*). Comme Madrid.				
Dans le commerce on se sert du Pecul de Manille 5 1/2 arrobas.............. ..	63	2	6	8
Maroc (*Empire d'Afrique*). Artal ou livre.........	0	5	0	8
Kintar (quintal) à 100 artals	50	8	0	0
Livre du bazar..................	0	8	0	7
Marseille. Livre ancienne de table.	0	4	0	7
Charge à 3 quintaux.................	122	3	7	9
Pour l'or et l'argent, l'ancien poids de marc de Paris.				
Martinique (Voir Paris).				
Mayence (*Hesse-Darmstad*). Livre ancienne à 32 loths	0	4	7	0
(Poids nouveaux, comme Darmstad)				
Melbourne (*Australie*). Comme Londres.				
Messine (*Sicilie*). Ancienne livre légère...	0	3	1	3
(Poids nouveaux, voir Italie.)				
Mexico. Livre à 16 onces	0	4	6	0
Arroba à 25 livres	11	5	0	0
Quintal à 4 arrobas........	46	0	0	0
(Pour l'or et l'argent, Marc de Castille.)				

VILLES ET PAYS	Kilogrammes	Hectogramm.	Décagrammes	Grammes.
Milan. Ancienne livre légère à 12 onces.........	0	3	2	6
» livre grosse à 28 onces....... .	0	7	6	2
Pour l'or et l'argent, marc à 8 onces = 192 denarès = 4,608 grains = 234,667 grammes.				
(Poids nouveaux depuis 1859, voir Italie.)				
Moka (*Arabie*). Maund = 40 vakiacs (onces.)......	1	3	6	0
Bahar à 15 farzils = 150 maunds.........	204	0	0	0
Pour l'or et l'argent, beak à 10 miscats = à 240 karats = 46,650 grammes.				
Montevideo (*Amérique du Sud, Urugay*). Comme Madrid.				
Montpellier. Livre ancienne...	0	4	0	0
Moscou. (Comme St-Pétersbourg).				
Munich (*Bavière*). Pfund ou livre................	0	5	6	0
Quintal à 5 stein de 20 livres = 100 livres	56	0	0	0
Pour l'or et l'argent, on se sert du marc de Cologne.				
Le poids médical et de pharmacie est la livre	0	3	6	0
Subdivisée : 1 livre = 12 onces, à 8 drachmes à 3 scrupules, à 20 grains = 360 grammes				
Nantes. Livre ancienne.........	0	4	8	9
Namur. Livre ancienne........................	0	4	6	4
Naples (*Italie*). Poids anciens :				
Livre à 12 onces.................	0	3	2	0
Rottolo à 2 7/9 livres, à 33 1/2 onces	0	8	9	1
Cantaro à 100 rottoli..............	89	1	0	3
Livre pour l'or, l'argent et la soie = 320,764 gr. Subdivisé : 12 onces = 360 trapesi = 7,200 accini.				
(Poids nouveaux depuis 1859, voir Italie.)				

VILLES ET PAYS	Kilogrammes	Hectogramm.	Décagrammes	Grammes.
Neufchâtel (*Suisse*). Livre ordinaire à 16 onces....	0	5	2	0
Livre poids de marc pour l'or et l'argent Subdivisé : 1 livre = 2 marcs = 16 onces = 128 gros = 384 deniers = 9216 grains = 489,500 grammes.				
(Poids nouveaux, voir Suisse.)				
Newcastle (*Angleterre*). Comme Londres.				
Nouvelle Orléans (*Amérique*). Comme New-York.				
New-York (*Amérique du Nord*).				
Livre avoir du poids.	0	4	5	3
Un quarter à 25 livres...............	11	3	3	8
Un quintal à 100 livres.........	45	3	5	4
Nice (*Provence*). Livre ancienne..................	0	3	0	9
Rubbo à 25 livres anciennes......	7	7	4	0
Quintal à 150 livres............	46	4	4	0
Pour l'or et l'argent, ancien marc de Paris.				
(Poids nouveaux, comme France.)				
Normandie. Livre ancienne............	0	4	8	9
Nuremberg (*Bavière*) Pfund ou livre ancienne de 32 loths..........................	0	5	1	0
Quintal à 100 livres.................	51	0	0	0
Livre médicale et de pharmacie.				
Subdivisé : 1 livre = 12 onces = 96 Drachmes 288 scrupules = 5760 grains = 357,854 grammes.				
(Poids nouveaux, comme Munich.)				
Norwège. (Voir Christiania).				
Odessa. (Comme St-Pétersbourg).				

VILLES ET PAYS	Kilogrammes	Hectogramm.	Décagrammes	Grammes.
Palerme (*Sicilie*). Ancien. livre sicilienne à 12 onces	0	3	1	7
Petit rotolo à 30 onces..................	0	7	9	3
Grand rotolo à 33 onces	0	8	7	3
Petit cantaro à 100 petits rotoli à 250 liv.	79	3	9	8
Grand cantaro à 100 grands rotoli = 110 petits rotoli = à 275 livres............	87	3	3	8
(Poids nouveaux, voir Italie.)				
Paris. Livre ancienne subdivisée : 1 livre = 2 marcs = 16 onces = 128 gros = 9216 grains = 489,50584 gr.				
Ce poids servait anciennement pour les matières d'or et d argent et pour le poids médical et de pharmacie.				
Livre ancienne pour la soie, de 15 onces..	0	4	5	8
Poids nouveaux : kilogramme = 2 livres nouvelles de 500 grammes............	1	0	0	0
Myriagramme (10 kilogrammes)........	10	0	0	0
Quintal (10 myriagrammes)............	100	0	0	0
Tonneau (10 quintaux).................	1000	0	0	0
Parme (*Italie*). Livre ancienne à 12 onces........	0	3	2	8
Rubbo à 25 livres..............	8	2	0	0
(Poids nouveaux, voir Italie.)				
Patras (*Grèce*). Voir Athènes.				
Pérou. (Comme Madrid).				
Pesth (*Hongrie*). Comme Vienne.				
Pétersbourg (*Saint-*) (*Russie*) Berchcroot ou livre à 16 onces = à 32 loths = 96 solotnik..	0	4	0	9
Bercowitz à 10 punds ou 400 livres...	163	5	9	0
La livre médicale et de pharmacie est celle de Nuremberg.				

VILLES ET PAYS	Kilogrammes	Hectogramm.	Décagrammes	Grammes
Plaisance (*Italie*). Livre ancienne à 12 onces	0	3	1	7
Rubbo à 25 livres....	7	9	3	7
(Poids nouveaux, voir Italie.)				
Pondichéry. Maund à 8 vis........	11	7	4	8
Candy à 20 maunds, 160 vis	234	9	6	2
Paloin pour l or et l'argent = 33,992 gram.				
Calanchi pour les perles, à 20 Manchadis.				
1 Calanchi = 0,140 gram.				
Pologne. (Voir Varsovie).				
Port-au-Prince (*Haïti ou St-Domingue*).				
(On se sert des anciens poids de Paris.)				
Porto ou Oporto. (Comme Lisbonne.)				
Porto-Ricco (*Antilles*). Comme Havane.				
Portugal. (Voir Lisbonne).				
Presbourg, Oke d'Hongrie.	1	2	7	5
(Poids nouveaux, comme Vienne.)				
Prusse. (Voir Berlin).				
Québec (*Bas-Canada*). Comme Londres.				
Ragusi. Livre ancienne à 16 onces.............	0	3	8	2
Oke à 3 1/2 livres	1	3	3	9
(Poids nouveaux, comme Vienne).				
Rangon (*Empire de Birman, Asie*). Paiktha ou vis à 100 kyats ou Ticals..................	1	6	6	5
Candy à 150 paikthas	248	3	4	0
Le même poids sert pour l'or et l'argent.				

VILLES ET PAYS	Kilogrammes	Hectogramm.	Décagrammes	Grammes.
Ratisbonne (*Bavière*). Pfund ancien à 16 loths.....	0	5	6	9
Marc pour les monnaies à 8 onces..	0	4	9	1
(Poids nouveaux, voir Munich.)				
Revel (*Russie*). Pfund ou livre ancienne	0	4	3	0
Schippund de 400 pfunds	172	0	0	0
(Poids nouveaux, comme St-Pétersbourg.)				
Riga (*Russie*). Pfund ancien ou livre à 32 loths...	0	4	1	7
Schipfund de 20 liespunds 400 pfunds	166	8	0	0
Le poids médical et de pharmacie est celui de Nuremberg.				
(Poids nouveaux, comme St-Pétersbourg.				
Rio-Janeiro (*Brésil*). Comme Lisbonne.				
Rome. Livre à 12 onces = 288 denares.......... .	0	3	3	9
Cantaro à 100 livres	33	9	3	4
La même livre sert pour l'or, l'argent, le poids médical et de pharmacie, subdivisée :				
1 livre = 12 onces, = 288 denares = 6912 grains = 339,344 grammes.				
Rostock (*Mecklembourg Schwerin*).				
Livre de Rostock, poids de ville	0	5	0	8
Livre, poids d'épicerie	0	4	8	4
1 livre = 2 marcs = 16 onces = 32 loths = 128 quentins.				
Le poids pour l'or et l'argent est le marc de Cologne.				
Le poids médical et de pharmacie est celui de Nuremberg.				
Rotterdam. Pfund ou livre ancienne.........	0	4	6	8
(Poids nouveaux, voir Amsterdam.)				

VILLES ET PAYS	Kilogrammes	Hectogramm.	Décagrammes	Grammes.
Russie. (Voir St-Pétersbourg).				
Santiago (*Chili*). Poids anciens, comme Madrid.				
(Poids nouveaux, système métrique français.)				
Saint-Thomas. (Comme Copenhague).				
Saragosse (***Espagne***). Comme Madrid.				
Poids de l'Aragon :				
Livre à 12 onces	0	3	4	5
Quintal à 4 arrobas = 144 livres...........	49	6	9	4
Marc pour l'or et l'argent = 8 onces = 32 quartas = 128 arienzas = 4096 granos...............	0	2	3	0
Sardaigne. Livre ancienne à 12 onces............	0	3	9	8
(Poids nouveaux, voir Italie.)				
Séville (Comme Madrid).				
Shang Haï (***Chine***). Comme Canton				
Sicilie. (Voir Palerme et Messine).				
(Poids nouveaux, voir Italie.)				
Sydney (***Australie***). Comme Londres.				
Sign (***Dalmatie***). Oke.	1	4	2	2
Singapore. (Voir Calcutta et Canton).				
Sac pour le riz et le froment à 2 bazars maunds de Bengala..................	74	5	1	0
Sinigaglia (***Italie***). Livre ancienne	0	3	3	6
(Poids nouveaux, voir Italie.)				
Smyrne (***Turquie***). Oke à 4 tscheki, 400 drachmes.	1	2	8	4
Rottolo	0	5	7	8
Kantar ou quintal à 100 rottoli = 45 okes	57	8	2	8
Tscheki pour le poil de chameaux, à 2 okes = 800 drachmes..........	2	5	6	8
Tscheki pour l'opium = 250 drachmes...	0	8	0	2

VILLES ET PAYS	Kilogrammes	Hectogramm.	Décagrammes	Grammes.
Stockholm (*Suède*). Pfund ou livre nouvelle, depuis 1858, égale à l'ancienne.....................	0	4	2	3
Divisée : 1 livre = 100 korns = 1000 orts.				
Quintal à 100 livres........................	42	3	5	3
Pfund de pharmacie à 12 onces = 356,437 grammes.				
Marc pour les mines à 32 loths...........	0	3	7	5
Marc pour les monnaies à 16 loths = = 210,639 grammes.				
Marc pour le fer ou poids d'étape.........	0	3	4	0
Skepfund à 20 lispunds de 400 marcs d'étapel	136	0	3	1
Strasbourg. Pfund ou livre ancienne.............	0	4	8	0
Stuttgard. Pfund ou livre ancienne à 16 onces...	0	4	6	8
Pfund ou livre nouvelle depuis 1860...	0	5	0	0
Quintal à 100 livres	50	0	0	0
Pour l'or et l'argent, on emplois l'ancien marc de Cologne.				
Le poids médical et de pharmacie est celui de Nuremberg.				
Suède (Voir Stockhm).				
Suisse. Livre nouvelle pour toute la Confédération à 16 onces	0	5	0	0
Quintal de 100 livres.....	50	0	0	0
Le poids médical et de pharmacie est l'ancien poids de Nuremberg.				
Pour l'or et l'argent, nouveaux poids de France.				
Sumatra (*Ile*, *Indes-Orientales*) Comme Canton.				
Tehéran (*Perse*). Batman de Tauris à 6 rateles = 300 derhemes = 600 miskals............	2	7	9	0
Batman poids de roi	5	5	8	0
Pour l'or et l'argent, miskals = 3,090 grammes.				
Pour les perles, abas = 0,1863 —				

VILLES ET PAYS	Kilogrammes	Hectogramm.	Décagrammes	Grammes.
Toulouse Livre ancienne	0	4	0	8
Toulon. Livre ancienne....	0	4	6	6
Trébizonde. (Comme Constantinople).				
Trieste. Petite livre ancienne de Venise..........	0	3	0	2
Grosse livre ancienne de Venise....... . .	0	4	6	8
Pfund ou livre de Vienne...............	0	5	6	0
Quintal ou zentner de Vienne, 100 pfunds	56	0	0	1
Pour l'or et l'argent, on se sert du poids de Venise, ou du marc de Cologne				
Last de navire. 20 quintaux = 2000 livres.				
Tripoli (*Afrique*). Rottal ou Rottolo......	0	4	9	7
Quintal à 100 rottoli....	49	7	6	0
Tripoli (*Syrie*). Rottel ordinaire de 600 drachmes.	1	8	1	6
Grand rottel de 720 drachmes. ..	2	1	8	0
Tunis (*Afrique*). Rotel-attari à 16 ukies (onces)....	0	5	0	6
Il sert pour le fer, le plomb, le cuivre, le zinc.				
1 quintal à 100 rotels.....................	50	6	9	0
Rotel-souky à 18 ukies (onces	0	5	6	8
Il sert pour les viandes, le savon, le beurre, le miel et les fruits.				
Rotel-Khaddari p. les légumes, à 20 onces.	0	6	3	9
Pour l'or et l'argent, on se sert de l'once de Rotel-attari = à 31,680 grammes.				
Turin. Livre ancienne à 12 onces..............	0	3	6	8
Rubbo ancien à 25 livres.................	9	2	2	1
Quintal à 4 rubbi	36	8	8	4
Pour l'or et l'argent : 1 marc = 8 onces = 24 denari à 24 grani = 245,896 grammes.				
Le poids médical et de pharmacie est la livre subdivisée : 1 livre à 12 onces, 96 drachmes, 288 scrupules, 5760 grains = 307,370 grammes.				
(Poids nouveaux, voir Italie.)				

VILLES ET PAYS	Kilogrammes	Hectogramm.	Décagrammes	Grammes.
Turquie. (Voir Constantinople).				
Valence (*Espagne*). Petite livre ou libreta à 12 onces	0	3	5	6
Grande livre ou libra mayor	0	5	3	4
Arrobe pour l'huile................ ...	10	6	8	7
Arroba de 24 grosses livres = 36 p. livres.	12	8	1	6
Quintal à 4 arrobas................. ..	51	2	6	4
Pour l'or et l'argent marc de 8 onces, 32 quartos, 128 adarmes, 4608 granos = 237 gr.				
1 marc de Valence = 1 1/3 marc de Castille.				
Varsovie (*Pologne*). Funt ou livre à 16 onces, 32 loths	0	4	0	5
Schiptund de 13 steins = 416 funts.....	168	6	8	9
La livre médicale = 358,5106 grammes.				
Pour l'or et l'argent, on se sert de l'ancien marc de Cologne.				
(Poids nouveaux, comme St-Pétersbourg.)				
Valparaiso (*Chili*). Voir Santiago.				
Venise. Petite livre ancienne à 12 onces..........	0	3	0	2
Grosse livre ancienne à 12 grosses onces..	0	4	6	8
Livre pour la soie à 12 onces............	0	3	0	7
Le poids pour l'or et l'argent est le marc divisé: 1 marc = 8 onces, 32 quartes, 192 denares, 1152 karats = 4608 grains = 238,747 gram.				
La livre médicale et de pharmacie est la petite livre divisée en 12 onces, à 8 drachmes, à 3 scrupules, à 20 grains = 302,025 grammes.				
(Poids nouveaux, voir Italie.)				
Vérone (*Italie*). Petite livre ancienne à 12 onces..	0	3	3	3
Grosse livre ancienne à 18 onces..	0	4	9	9
(Poids nouveaux, voir Italie.)				
Véra-Cruz (*Mexico*). Comme Madrid.				

VILLES ET PAYS	Kilogrammes	Hectogramm.	Décagrammes	Grammes.
Vienne (*Autriche*). Pfund ou livre à 32 lots.......	0	5	6	0
Zentner à 100 pfunds..........	56	0	0	1
Last de navire à 20 quintaux = 2000 livres.				
Pfund médical divisé en 12 onces de 8 drachmes, de 3 scrupules, de 20 grains = 420.009 gr.				
Pour l'or et l'argent, marc divisé : 1 marc de 16 loths, de 4 quintel, de 4 pfennig, de 65536 Richt pfennig = 280,614 grammes. 5 marcs de Vienne = à 6 marcs de Cologne.				
Washington. (Comme Londres).				
Wiesbaden (*duché de Nassau*). Livre ancienne.....	0	4	7	0
Livre nouvelle depuis 1817...........	0	5	0	0
Quintal à 100 livres.................	50	0	0	0
Pour l'or et l'argent, ancien marc de Cologne.				
Zara (*Dalmatie*). Oke........	1	4	2	2
Zug (Voir Suisse).				
Zurig. Pfund ancien à 32 loths........	0	4	6	9
Marc ancien pour les monnaies de 16 loths, de 64 pintes	0	2	3	4

(Poids nouveaux, voir Suisse.)

TABLEAU VII

MONNAIES MODERNES

VILLES ET PAYS	Poids Métriq. Grammes	Poids Métriq. Décigrammes Centigramm. Milligrammes	Tit. Mon. Millièmes.	Valeur. Francs.	Valeur. Centimes.	Valeur. Millièmes.
Alexandrie. (Voir Egypte.)						
Alep (SYRIE). Comme Turquie.						
Alger.						
OR						
Ducat ou soltani (1787 à 1829)	»		»	8	89	8
Nus ou 1/2 soltani	»		»	4	44	9
ARGENT						
Roboa soltani, 1/4 soltani d'or	»		»	2	22	4
Zudi budju (1820 à 1829)	»		»	3	72	4
Rial budju (1829)	»		»	1	80	5
Patacacisca depuis 1820	»		»	0	61	1
(Après 1847, comme France.)						
Amérique (ETATS-UNIS).						
OR						
Eagle double (1810 à 1853)	17	480	917	55	21	2
Eagle simple —	8	740	917	27	60	6
Dollar nouveau depuis 1853	1	671	900	5	18	0
Pièce de 20 dollars	33	420	900	103	60	0
— 10 —	16	710	900	51	80	0
— 5 —	8	355	900	25	85	0
ARGENT						
Dollar ancien, monnaie de compte	27	000	903	5	40	8
Dollar nouveau	24	880	900	5	16	0
Demi-dollar	12	440	»	2	58	0
(Les autres pièces en proportion.)						

VILLES ET PAYS	Poids Métriq. Grammes.	Décigrammes. Centigramm. Milligrammes.	Tit. Mon. Millièmes.	Valeur. Francs.	Centimes.	Millièmes.
Amsterdam.						
OR						
Ducat avec l'exergue : *Concordia rex parvæ crescunt*..................	3	468	982	11	73	1
Pièce de 20 florins (1808),....... ...	13	659	917	43	14	(
— 10 florins	6	829	»	21	57	(
Ducat nouveau	3	494	983	11	74	(
Guillaume nouveau................	6	729	900	20	79	0
Demi-Guillaume,..................	3	364	»	10	39	(
ARGENT						
Rixdaller ancien avec l'exergue : *Concordia rex parvæ crescunt*.	28	044	868	5	40	9
Rixdaller Louis Napoléon (1808	26	238	907	5	28	8
Rixdaller nouv., 2 1/2 florins 250 cents	25	000	945	5	20	0
Florin ou Gulden .... 100 —	10	000	945	2	10	0
Demi-florin .... 50 —	5	000	945	1	05	0
Quart de florin..... ..... 25 —	2	600	720	0	52	0

Depuis 1850, les monnaies d'or n'ont plus cours que comme marchandise ; les monnaies d'argent seules ont cours légal.

Andrinople. (Voir Turquie).

VILLES ET PAYS	Grammes.	Milligrammes.	Millièmes.	Francs.	Centimes.	Millièmes.
Angleterre.						
OR						
Guinée ancienne (avant 1816) à 21 schellings.........................	8	380	917	26	47	0
Souverain (livre sterling depuis 1816, à 20 schellings..................	7	980	916	25	12	8
ARGENT						
Crown ou couronne ancienne (avant 1816) à 5 schellings	30	074	925	6	18	2
Crown ou couronne (depuis 1816) de 5 schellings......................	28	251	925	6	25	7
Demi-couronne de 2 1/2 schellings...	14	125	»	3	12	3
Schelling nouveau à 12 pences.......	5	650	925	1	25	0
Demi-schelling à 6 pences	2	825	»	0	62	(

VILLES ET PAYS	Poids Métriq. Grammes.	Poids Métriq. Décigrammes. Centigramm. Milligrammes.	Tit. Mon. Millièmes.	Valeur. Francs.	Valeur. Centimes.	Valeur. Millièmes.
Anhalt						
Depuis 1857, comme Berlin.						
Anvers. (Voir Belgique.						
Athènes.						
OR						
Icosi à 20 drachmes..................	5	776	900	17	83	6
Tessarae à 40 drachmes......... . ..	11	552	900	35	65	3
ARGENT						
Pentedrachme ou écu à 5 drachmes..	22	385	900	4	40	0
Drachme	4	477	966	0	89	0
Monnaies nouvelles, système métrique français.						
Augsbourg.						
OR						
Ducat ancien		»	»	11	61	7
ARGENT						
Taller ancien de convention.........	28	044	833	5	19	[illegible]
Florin demi-taller....	14	022	»	2	59	6
Monnaies nouvelles, voir Bavière.						
Autriche.						
OR						
Souveraine ancienne de Flandres....	11	112	918	35	13	6
Souveraine nouvelle Lombarde......	11	332	900	35	12	9
Ducat ou sequin impérial....	3	491	986	11	85	6
Ducat ou sequin de Hongrie (*Patrona regni unghariæ*...................	3	468	990	11	82	5
Ducat ou seq. de Marie-Thérèse (1742)	3	468	986	11	77	8
Après le traité du 24 février 1857 :						
Couronne d'or....	11	000	900	34	39	6
Demi-couronne d'or	5	500	900	17	19	4

VILLES ET PAYS	Poids Métriq. Grammes.	Poids Métriq. Décigrammes. Centigramm. Milligrammes.	Tit. Mon. Millièmes.	Valeur. Francs.	Valeur. Cent.mes.	Valeur. Millièmes.
ARGENT						
Taller ancien de convention.........	28	044	833	5	19	1
Florin ou Gulden ancien............	14	022	833	2	59	6
Pièce de 20 kreutzers ou swantzig ...	6	691	583	0	86	7
Après le traité du 24 février 1857 :						
Double florin	22	220	900	4	90	[illegible]
Florin	11	110	900	2	45	[illegible]
Quart de florin.....................	3	100	520	0	61	[illegible]
Double thaller d'association.........	33	400	900	7	38	[illegible]
Thaller	16	600	900	3	64	[illegible]
Baden.						
OR						
Ducat ancien (*ad legem imperii*)......	3	490	986	11	75	[illegible]
Pièce de 10 florins, depuis 1819......	9	878	902	21	37	[illegible]
Couronne (traité du 14 février 1857)..	11	000	900	34	39	[illegible]
Demi-couronne — ..	5	500	900	17	19	[illegible]
ARGENT						
Pièce à 3 florins, avant 1857........	32	795	871	6	35	[illegible]
(Les autres pieces en proportion.						
Florin ou Gulden depuis 1845	10	500	900	2	10	[illegible]
Demi Florin ou Gulden depuis 1845..	5	250	900	1	05	[illegible]
Double thaller depuis 1857..........	33	400	900	7	38	[illegible]
Thaller simple —	16	700	900	3	64	[illegible]
Bâle.						
OR						
Double ancienne de 16 franken, avec l'exergue : *Conserva nos in pace* 1795	7	648	900	23	70	9
Ducat, avec l'exergue : *Ducat reipub Basiliensis*	3	187	915	10	04	4

VILLES ET PAYS	Poids Métriq. Grammes.	Décigrammes Centigramm. Milligrammes	Tit. Mon. Millièmes.	Valeur. Francs	Centimes.	Millièmes.
ARGENT						
Ecu avec l'exergue : *Conserva nos in pace*	25	814	854	4	88	9
Ecu à 40 bast, depuis 1698	29	480	901	5	90	0
Thaller avec couronne de laurier	23	275	833	4	30	8
(Monnaies nouvelles, voir Suisse.)						
Bavière.						
OR						
Max ou Caroline, avec l'exergue : *In te sperantibus Clypeus omnib.*	9	720	771	25	28	3
Ducat avec l'exergue : *Pro Deo et populo*	3	468	986	11	77	8
Maximilien à 2 florins d'or	6	496	771	17	18	0
Après le traité du 27 janvier 1857 :						
Couronne d'or	11	000	900	34	39	0
Demi-couronne d'or	5	500	900	17	19	0
ARGENT						
Thaler ancien de convention	28	044	833	5	19	1
Ecu de deux épées	28	424	865	5	65	6
Krown Thaler (2 guldens 42 kreuzers)	30	420	872	5	72	0
Gulden ou florin	10	500	900	2	10	0
Pièce de 6 kreuzers		»	833	0	18	0
Double thaler d'association, depuis le traité de 1857	33	400	900	7	38	0
Thaler simple	16	700	900	3	64	0
Belgique.						
OR						
Lion d'or anc. à 14 florins de Flandre.	8	286	917	26	17	2
Monnaies nouvelles depuis 1816, comme France						
ARGENT						
Lion d'argent ancien	32	929	873	5	38	0
Monnaies nouvelles, comme France.)						
Les pièces de 2 fr., 1 fr. 50, etc. frappées avant 1866, n'ont plus cours en France.						

VILLES ET PAYS	Poids Métriq. Grammes.	Décigrammes. Centigramm. Milligrammes.	Tit. Mon Millièmes.	Valeur. Francs.	Centimes.	Millièmes.
Berne.						
OR						
Ducat avec l'exergue : *Reip. Bernensis Ducat* 1697	3	452	979	11	68	0
Double ducat avec l'exergue : *Monet aurea Reip Bernensis* 1727	6	904	979	23	36	8
Double ducat : *Bened sit Jehova* 1789	6	904	979	23	36	8
Double de 46 Franken : *Deus providebit* 1796	7	648	901	23	73	5
Pièce de 8 ducats : *Bened sit Jehova Deus, VIII Ducat*. 1796	27	619	979	93	47	1
AAGENT						
Ecu de 4 Franken, avec l'ours : 1795, 1798, *Reip Bernensis*	29	318	903	5	88	3
Monnaies nouvelles, voir Suisse.						
Bankok. (Voir Siam).						
Berlin. (Voir Prusse.)						
Betelfaki. (Comme Moka.)						
Bombay.						
OR						
Mohur ancien		»	»	37	90	9
Mohur de 1818		»	»	36	72	7
ARGENT						
Rupia ou Roupia ancienne		»	»	2	51	5
Rupia ou Roupia nouvelle (1818)		»	»	2	37	0
Fanam ancien		»	»	0	50	1
Brésil.						
Monnaies anciennes, voir Portugal.						
Monnaies nouvelles :						
OR						
Pièce de 20,000 reis	17	930	917	56	31	0
— 10,000 —	8	965	917	28	15	0
— 5,000 —	4	482	917	14	07	0

VILLES ET PAYS	Poids Métriq.		Tit. Mon.	Valeur.		
	Grammes.	Décigrammes Centigramm. Milligrammes	Millièmes.	Francs.	Centimes.	Millièmes.
ARGENT						
Pièce à 2,000 reis	26	000	917	5	15	0
— 1,000 —	13	000	917	2	57	0
— 500 —	6	500	917	1	28	0
— 250 —	3	250	917	0	64	0
Buenos-Ayres. (Comme Madrid).						
Brunswich.						
OR						
Double ancien de 10 thalers, avec l'effigie du cheval et. l'exergue : *Nunquam retrorsum* 1747	13	279	906	41	43	9
Double avec le même exergue 1777	13	279	906	41	34	8
Monnaies nouvelles, après le traité du 24 janvier 1857 comme Prusse.						
Bruxelles. (Voir Belgique).						
Caire. (Voir Egypte).						
Calcutta.						
OR						
Mohur ancien du Bengale		»	»	42	32	4
ARGENT						
Sicca ou Rupia de la Compagnie des Indes-Orientales		»	»	2	52	8
Sicca ou Rupia, an 1818		»	»	2	53	0
Depuis le nouveau système monnétaire (1er juillet 1835).						
Rupia courante		»	910	2	38	0
Canada. (Comme Londres).						
Canton.						
ARGENT						
Tal = à 72 pences anglaises		»	»	7	56	6
72 Tals = 100 piastres d'Espagne.						

VILLES ET PAYS	Poids Métriq — Grammes.	Décigrammes. Centigramm. Milligrammes.	Tit. Mon. — Millièmes.	Valeur — Francs.	Centimes.	Millièmes.
Carlsrhue. (Voir Baden).						
Chine. (Voir Canton).						
Cassel (HESSE - ÉLECTORALE). (Comme Prusse.)						
Cologne.						
Monnaies anciennes :						
OR						
Caroline	9	720	771	25	81	5
Ducat de François, avec l'exergue : *Ducat civil Cöln*	3	468	979	11	69	5
ARGENT						
Rixdaller de convention	»		»	5	08	7
Monnaies nouvelles, comme Prusse.						
Constantinople. (Voir Turquie).						
Copenhague. (Voir Danemark).						
Dalmatie. (Voir Ragusi).						
Danemark.						
OR						
Double ducat avec l'exergue : *Pietate et Justitia*	6	904	990	23	54	3
Double ducat avec l'exergue : *Glioria et amore Patriæ*	6	638	906	20	71	5
(Les simples en proportion)						
Double Christian nouveau	13	280	903	41	80	0
Christian	6	640	903	20	90	0
Frédéric	3	900	896	10	42	0

VILLES ET PAYS	Poids Métriq.		Tit. Mon.	Valeur.		
	Grammes.	Décigrammes Centigramm. Milligrammes	Millièmes.	Francs.	Centimes.	Millièmes.
ARGENT						
Rixdaller ou double écu de 6 marcs = à 96 schillings danois depuis 1776	29	000	875	5	63	9
Ecu de Christian VII avec l'exergue : 60 *Scilincesoh. Holst. courant* **1787.**	28	680	868	5	53	2
Double rixdaler nouveau	28	500	879	5	58	0
Rixdaler	14	300	879	2	84	5
Pièce à 10 schillings		»	567	0	49	0
Dresde. (Voir Saxe).						
Egypte.						
OR						
Ducat ancien	2	600	750	6	71	0
Pièce nouvelle à 400 piastres		»	874	102	13	0
(1/2, 1/4, 1/8, 1/16 en proportion.)						
ARGENT						
Grouch ou piastre anc. de 40 paras	2	900	461	0	30	0
Pièce à 10 piastres nouvelles		»	900	2	48	0
— à 5 piastres		»	900	1	24	0
— à 2 1/2 piastres		»	900	0	62	0
— à 1 piastre		»	900	0	25	0
Espagne.						
OR						
Pièce quadruple ou doublon de 1772 à 1785	26	895	895	82	91	0
(Sous-multiples en proportion.)						
Pièce quadruple ou doublon dep. 1785	27	045	866	80	67	0
(Sous-multiples en proportion.)						
Petite pièce (pezeta) 1/16e de doublon.	1	734	854	5	10	0

VILLES ET PAYS	Poids Métriq. Grammes.	Décigrammes. Centigramm. Milligrammes.	Tit. Mon. Millièmes.	Valeur. Francs.	Centimes.	Millièmes.
Monnaies nouvelles :						
Doublon d'Isabelle de 100 réaux (5 piastres)	7	500	900	25	86	8
Pistole d'Isabelle de 80 réaux (4 piast.)	6	900	900	21	60	0
Ecu d'or — 40 — 2 —	3	450	900	10	75	0
Piastre d'or ou (Escudo de oro) de 20 réaux (1 piastre)...	1	725	900	5	20	0
ARGENT						
Pièce ancienne, avant 1772..........	26	928	910	5	44	6
— avec les deux globes (1772)	26	928	906	5	42	2
— ou Colonat = piastre d'argent...	26	928	896	5	36	1
(Sous-multiples en proportion.)						
Monnaies nouvelles :						
Piastre de 20 réaux.................	26	000	900	5	25	0
Demi-piastre de 10 réaux	13	000	900	2	60	0
Pièce de 4 réaux (pezeta)	5	010	900	1	04	0
NOTA.— Depuis 1868, l'Espagne a frappé de nouvelles monnaies avec l'exergue : *Gobierno provisional*, ayant les mêmes poids, titre et valeur que les monnaies décimales françaises.						
Francfort.						
OR						
Ducat ancien (*Ad legem imperii*)	3	490	986	11	85	0
Après le traité du 24 janvier 1857, comme Prusse.)						
ARGENT						
Thaler ancien de convention..... ...	28	044	833	5	19	1
Rixdaler de 90 kreutzers		»	»	3	90	0
Florin (Gulden) de 60 kreutzers......		»	»	2	60	0
Apres la traité du 24 janvier 1857, comme Prusse.)						

VILLES ET PAYS	Poids Métriq. Grammes.	Poids Métriq. Décigrammes. Centigramm. Milligrammes	Tit. Mon. Milliemes.	Valeur. Francs.	Valeur. Centimes.	Valeur. Milliemes.
France.						
OR						
Ecu d'or de Charles VI à Louis XIV...	3	376	958	12	14	0
Ducat de Strasbourg	3	505	985	11	89	2
Louis d'or de Louis XIV à 1665........	4	045	9[illegible]9	13	50	1
Louis simple de Louis XIII à 1640....	6	752	917	21	32	7
— de Louis XIV à 1665....	6	752	917	21	3[illegible]	7
Louis avec le soleil, an 1709	8	160	917	25	77	4
Louis de Louis XV, an 1715....... ...	8	160	917	25	77	4
Louis dit de Noailles, an 1716.......	12	238	917	38	65	4
Louis avec la Croix de Malte, an 1718	9	870	917	31	17	5
Louis dit Mirlitone, an 1723...... ...	6	527	917	20	61	4
Louis de Louis XV et de Louis XVI avec la lune	8	158	917	25	76	8
Louis de Louis XVI avec le génie de la République, an 1791	7	648	917	24	15	7
Double Louis (valeur etablie par décret du 12 septembre 1810)		»	»	47	20	0
Louis simple (même décret..........		»	»	23	55	0
Monnaies décimales ou métriques :						
Pièce de 40 francs..................	12	903	900	40	09	0
— 20 —	6	452	»	20	00	0
— 10 —	3	226	»	10	00	0
— 5 —	1	613	»	5	00	0
ARGENT						
Ecu blanc ou Louis d'argent, an 1641	27	449	917	5	59	4
Ecu avec trois couronnes de Louis XIV et Louis XV, an 1709 et 1715	30	594	917	6	23	4
Ecu de Navarre de Louis XV, an 1718.	24	475	917	4	98	7
Ecu avec les armes de France, an 1720	24	475	917	4	98	7
Ecu de Louis XVI..................	29	488	917	6	00	9
Ecu de la République, an 1791.......	29	488	917	6	00	9
Monnaies décimales ou métriques :						
Pièce de 5 francs	25	000	900	5	00	0
(Les autres pièces en proportion.)						

NOTA. — Les pièces de 2 francs, 1 franc, 50 centimes et 20 centimes, frappées avant 1864, n'ont plus cours depuis le 31 décembre 1868.

VILLES ET PAYS	Poids Métriq. Grammes.	Décigrammes. Centigramm. Milligrammes.	Tit. Mon. Millièmes.	Valeur. Francs.	Centimes.	Millièmes.
Gênes						
OR						
Double de 96 livres, an 1792	25	193	910	78	96	4
Double de 100 livres avec l'exergue : *Et rege eos*	27	947	916	88	17	6
(1/2, 1/4, 1/8 en proportion.)						
Sequin de Saint-Jean-Baptiste avec l'exergue : *Non surrexit major*	3	468	990	11	92	2
ARGENT						
Ecu de la République de 8 livres (1792)	33	145	889	6	54	0
Ecu de 8 livres avec l'exergue : *Republica ligure anno* II	33	249	889	6	56	9
(Monnaies nouvelles, voir Italie.)						
Genève.						
OR						
Double de 30 livres avec l'exergue : *Post tenebras Lux*. 1771	19	889	918	63	82	1
Double nouveau de 3 pièces, an 1802.	17	103	914	52	84	0
ARGENT						
Ecu avec l'exergue : *Après les ténèbres la lumière*	30	433	868	5	87	0
Ecu avec l'exergue : *XII Florins. IX Sols. Post tenebras Lux*	30	438	868	5	87	0
Ecu de 3 livres dit Patagone avec l'exergue : *Post tenebras Lux*	27	087	840	5	05	6
(Monnaies nouvelles, voir Suisse.)						
Goa (CÔTE DE MALABAR).						
OR						
Saint-Thomas de 11 bonnes tengas	»		»	8	66	2
ARGENT						
Pardo-xerophin de 4 bonnes tengas	»		»	3	86	2
Pardo ordinaire de 6 mauvaises tengas	»		»	3	09	0
Tenga de 60 rees	»		»	0	74	1
Larin de 100 rees	»		»	1	23	5

VILLES ET PAYS	Poids Métriq. Grammes.	Décigrammes Centigramm. Milligrammes	Tit. Mon. Milliemes.	Valeur. Francs.	Centimes.	Millièmes.
Grèce.						
OR						
Tessarœ à 40 drachmes.	11	552	900	35	70	0
Icosi à 20 drachmes du roi Othon (1833)	5	776	900	17	90	0
Monnaies nouvelles, système décimal français.						
ARGENT						
Pentedrachme ou écu à 5 drachmes du roi Othon	22	385	900	4	40	0
Drachme du roi Othon	4	477	900	0	88	0
Fenix (Capo d'Istria) de 100 Lepta	4	476	900	0	90	0
Monnaies nouvelles, système décimal français.						
Hambourg.						
OR						
Ducat avec l'exergue : *Ad legem Imperii*	3	491	986	11	85	0
Ducat avec l'exergue : *Monet. aurea Hamburgens* 1740, 1780, 1807, 1808.	3	488	979	11	76	2
Nouveau ducat de la ville	3	485	976	11	76	0
ARGENT						
Rixdaler de Banc	29	213	896	5	81	7
Ecu avec l'exergue : *Respub. Hambur. An* 1798	29	320	896	5	83	8
Marc courant de 16 schillings	9	164	750	1	52	0
Double marc de 32 schillings	18	328	750	3	04	0
Marc de Banc	»		»	1	87	2
Schilling	»		»	0	09	0
Hanôvre.						
OR						
Ducat ancien de Georges Ludovic avec l'exergue : *In recto decus an* 1712	3	468	997	11	91	0
Florin d'or de Georges II avec l'exergue : *I. Gold Gulden* 1752	3	239	781	8	71	3
Ducat de Georges III avec un cheval, an 1777	3	468	993	11	86	2
Monnaies nouvelles, comme Prusse.						

VILLES ET PAYS	Poids Métriq. Grammes.	Poids Métriq. Décigrammes, Centigramm., Milligrammes.	Tit. Mon. Millièmes.	Valeur. Francs.	Valeur. Centimes.	Valeur. Millièmes.
ARGENT						
Rixdaler ancien de Banc	29	213	896	5	81	7
Florin du Petit Cheval avec l'exergue : 16 *Gute Groschen. Conv. Münze Fein silb*	11	729	995	2	59	3
Rixdaler de constitution............	29	213	878	5	70	0
Monnaies nouvelles, comme Prusse.						
Hollande. (Voir Amsterdam).						
Indes-Orientales.						
OR						
Mohur de la Compagnie des Indes, Bombay an 1765	5	470	995	18	36	4
Double mohur, Bombay an 1765	10	940	995	36	72	8
Pagode	3	399	793	9	18	0
ARGENT						
Roupie		»	»	2	36	0
Demi-Roupie		»	»	1	18	0
Quart de Roupie		»	»	0	59	0
Italie.						
OR						
Pièce de 40 francs..................	12	903	900	40	09	0
— 20 —	6	452	900	20	00	0
— 10 —	3	226	900	10	00	0
— 5 —	1	613	900	5	00	0
ARGENT						
Pièce de 5 francs...................	25	000	900	5	00	0
— 2 —	10	000	900	2	00	0
— 1 —	5	000	900	1	00	0
(Les autres pièces en proportion.)						

NOTA. — Les pièces de 2 francs, 1 franc, 50 centimes et 20 centimes, frappées avant 1864, n'ont plus cours en France depuis le 31 décembre 1868.

VILLES ET PAYS	Poids Métriq. Grammes.	Décigrammes Centigramm. Milligrammes	Tit. Mon. Millièmes.	Valeur. Francs.	Centimes.	Millièmes.
Japon.						
OR						
Kobang ancien de 100 mas		»	»	51	24	0
Kobang nouveau de 100 mas nouv...		»	»	39	69	0
ARGENT						
Tigo-gin de 40 mas................		»	»	15	87	6
Jassy (MOLDAVIE).						
Piastre de 40 paras		»	»	0	32	0
Florin d'Autriche = 7 1/2 piastres ..		»	»	2	45	0
Rouble de Russie d'argent = 12 piast.		»	»	3	99	0
Irmelik d'argent turc de 20 piastres turques = 14 piastres de Jassy.. ..		»	»	4	48	0
Leipzig. (Voir Saxe).						
Lisbonne. (Voir Portugal).						
Londres. (Voir Angleterre).						
Lubeck. (Voir Hambourg).						
Lucques (ITALIE).						
ARGENT						
Ecu de la République avec St-Martin à cheval........	26	621	910	5	38	3
Livre de Charles II................		»	658	0	75	0
Double livre (1)		»	658	1	50	0

Monnaies nouvelles, voir Italie.

(1) Il est nécessaire de faire observer que cette monnaie, de bas titre et valeur, est en circulation en France pour 2 francs tandis que sa valeur intrinsèque n'arrive pas à 1 fr. 50.

VILLES ET PAYS	Poids Métriq		Tit. Mon.	Valeur.		
	Grammes.	Décigrammes Centigramm. Milligrammes	Millièmes.	Francs.	Centimes.	Millièmes.
Madras (INDES-ORIENTALES).						
OR						
Roupie (an 1818)	»		»	36	72	7
Pagode	»		»	9	32	1
Roupia (onore)	»		»	9	85	0
ARGENT						
Roupia d'argent (1818)	»		»	2	38	0
Roupia Rajapour	»		»	2	37	0
Après le nouveau système monétaire (1er juillet 1835), comme Calcutta.						
Madrid. (Voir Espagne.)						
Malte.						
Monnaies anciennes :						
OR						
Double ou Louis avec l'exergue : *F. Eman. Pinto M.M.* 1764	15	721	831	44	99	9
(Moitié en proportion.)						
Double avec le même exergue. 1765	16	677	831	47	73	5
Double avec l'exergue : *F. Eman* de *Rohan M.M.* 1778	16	412	849	47	09	4
ARGENT						
Once d'Emmanuel de Rohan	29	530	838	5	46	6
Once de Ferdinand Hompesch	»		»	5	48	4
Ecu d'Eman. Pinto	»		»	4	85	2
Pièce de 2 tari	»		»	0	25	4
Ecu de Malte de 12 tari = 20 pences	»		»	1	98	0
La pièce de 5 francs = 2 écus 3/8 tari.						
Manheim. (Comme Baden).						

VILLES ET PAYS	Poids Métriq.		Tit. Mon.	Valeur.		
	Grammes.	Décigrammes Centigramm. Milligrammes	Millièmes.	Francs.	Centimes.	Milliemes.
Maroc.						
OR						
Madridia = à 10 piastres d'Espagne.						
Bendoki = à 2 —						
1/2 Bendoki = 1 —						
1 Piastre = 5 fr. 25.						
Mexique.						
OR						
Doublon ou quadruple de 16 piastres.	27	045	865	81	20	0
(1/2, 1/4, 1/8, 1/16 en proportion).						
ARGENT						
Piastre de 8 réaux..................	29	928	903	5	35	0
(1/2, 1/4, 1/8 en proportion).						
1/8 de piastre = 0 fr. 66.						
Milan.						
OR						
Double ancien avec l'exergue : *Mediolani Dux*.	6	638	910	20	80	7
Sequin ou ducat avec l'exergue : *Mediolani et Mant. Dux*	3	491	993	11	94	0
Monnaies nouvelles, voir Italie.						
ARGENT						
Gros ducat avec l'exergue : *Philip III Rex Hispan. Dux et G. Mediolani an* 1608	31	823	948	6	70	4
Gros ducat de Philip II.............	27	845	948	5	86	9
Ecu de Marie Thérèse et de Joseph II avec l'exergue : *Mediolani Dux. an* 1780 *et* 1785......................	23	102	896	4	60	0
Ecu du 27 prairial an VII..........	23	102	896	4	60	0
Pièce de 30 sous de la République avec l'exergue : *Pace celebrata an IX*	7	344	687	1	12	1

VILLES ET PAYS	Poids Métriq. Grammes.	Décigrammes Centigramm. Milligrammes	Tit. Mon. Millièmes.	Valeur. Francs.	Centimes.	Millièmes.
Milan (*Suite*).						
Monnaie avec l'exergue : *Fides novi regni Sacram. firmata Mediol XV mai MDCCCXV*	4	029	970	0	86	8
Monnaies nouvelles, voir Italie.						
Mogol.						
OR						
Roupie avec le signe du Zodiaque (les poissons)....	10	889	1000	37	50	7
Ducat de la Compagnie hollandaise..		»	»	11	62	0
Rouple de Schah-Alem	12	320	980	41	65	0
ARGENT						
Roupie du Mogol.....		»	»	2	42	0
— de Arcate..................		»	»	2	36	0
Fanon des Indes..................		»	»	0	31	0
Moka.						
ARGENT						
Piastre du pays à 80 caveers.........		»	»	4	40	0
1215 piastres = à 100 piastres d'Esp.						
Munich. (Voir Bavière).						
Montevideo.						
ARGENT						
Piastre courante		»	»	4	26	0
5 piastres de Montevideo = 4 piastres d'Espagne.						
Naples.						
OR						
Double de Ferdinand IV avec l'exergue : *D. G. Sicilie et Hier. Rex* 1767	8	763	846	25	53	5

VILLES ET PAYS	Poids Métriq. Grammes.	Décigrammes Centigramm. Milligrammes	Tit. Mon. Milliemes	Valeur. Francs.	Centimes.	Millièmes.
Naples (*Suite*).						
Once avec l'aigle : ***Resurgit***	4	455	846	12	69	1
Once de 3 ducats : 1818 ***en avant***.....	3	786	996	12	99	0
Quintuple de 15 ducats : 1818 ***en avant***	18	933	996	64	95	0
Décuple de 30 — —	37	865	996	129	90	0
Pièce de 20 francs : ***Joachim Murat*** ...	6	452	900	20	00	0
Once de Sicilie avec l'aigle, dep. 1758.	4	408	859	13	04	6
Pièce de 6 ducats	7	572	996	25	75	0
— 3 —	3	786	996	12	99	0
Monnaies nouvelles, voir Italie.						
ARGENT						
Ducat ancien avec l'exergue : ***De Socio Princeps***, **an** 1748	25	389	906	5	11	2
Ducat ancien de 12 carlini	25	494	896	5	07	6
Ducat avec l'exergue : ***Reipubblica Napolitana***..........................	27	566	833	5	10	3
Ducat de 10 carlini du roi Joseph ...	27	513	833	5	09	3
Ducat de 10 carlini 100 grani : ***Duc Napol***. 1784	22	810	839	4	25	0
Ducat de 12 carlini 120 grani : ***An*** 1802 ***en avant***	27	619	833	5	10	0
Ecu de 5 livres : ***Joachim Murat***.	25	000	900	5	00	0
Ducat ou écu de Sicilie, 12 tarini = 120 grani.................. ..	27	301	833	5	05	4
Demi-Ducat de 6 tarini = 60 grani..	13	651	833	2	52	7
Pièce de 4 tarini = 40 grani		»	»	1	67	6
— 2 tarini = 20 grani...... . .		»	»	0	83	8
— 1 tarino = 10 grani		»	»	0	41	9
Monnaies nouvelles, voir Italie.						
Nuremberg.						
OR						
Ducat ou sequin avec l'exergue : ***Cristo duce. Verbo luce***	6	936	979	23	39	0
Ducat ou sequin simple, avec l'exergue : ***Tempora nostra Pater donata pace corona***	3	468	979	11	69	5

VILLES ET PAYS	Poids Métriq.		Tit. Mon.	Valeur.		
	Grammes.	Décigrammes Centigramm. Milligrammes	Millièmes.	Francs.	Centimes.	Millièmes.
ARGENT						
Thaler ancien de convention........	28	044	833	5	19	1
Monnaies nouvelles, comme Bavière.						
Palerme. (Voir Naples).						
Parme.						
OR						
Double (de 1786 à 1791)	7	141	891	21	91	5
Ducat ou sequin.....................	3	468	998	11	86	0
Pièce de 20 fr. de Marie Louise (1815).	6	452	900	20	00	0
ARGENT						
Gros ducat de Ranuce Farnèse avec l'exergue : *Dux. VI C. R*..........	31	823	951	6	72	5
Ducat de Ferdinand I (1784, 1796)....	25	707	906	5	18	0
Pièce de 5 fr. de Marie Louise (1815).	25	000	900	5	00	0
(Les autres pièces en proportion.)						
Monnaies nouvelles, voir Italie.						
Perse.						
OR						
Roupie avec chiffres persans.........	10	995	997	37	[illegible]7	8
Toman (monnaie de compte)		»	»	29	64	0
Toman de 10,000 dinars		»	900	11	14	0
Demi-Toman de 5,000 dinars........		»	900	5	57	0
Cherassi de Schah-Imam		»	»	5	25	0
— Aboul-Faiz..		»	»	15	43	5
— Kouli-Kan		»	»	38	43	0
ARGENT						
Roupie de 5 abassis		»	»	4	90	0
— de 2 1/2 abassis....		»	»	2	45	0
Abassi de 2 mamoudi		»	»	0	97	0
Larin		»	»	1	03	0
Yer-Lazar de 1000 dinars		»	900	1	03	0
Pindi-Schalis de 250 dinars		»	900	0	25	0

VILLES ET PAYS	Poids Métriq.		Tit. Mon.	Valeur		
	Grammes.	Décigrammes Centigramm. Milligrammes	Millièmes.	Francs	Centimes.	Millièmes.
Pérou.						
OR						
Quadruple de 4 doubles...	27	045	901	83	93	0
Double	6	761	901	20	98	2
ARGENT						
Piastre...............	27	045	903	5	43	0
Piastre nouvelle depuis 1857.........		»	»	4	77	0
(Cette monnaie a un titre très-bas.)						
Pétersbourg (Saint-) (Voir Russie.)						
Piémont.						
OR						
Double Victor Amédée (de 1786 à 1791)	9	134	906	28	50	4
Ducat avec l'exergue : *Carolus Emanuel D. G. Sardiniæ Rex*...........	3	468	986	11	77	8
Carlino de Victor Amédée III (1755 : *en avant*. (Cette pièce est très-rare).	48	100	906	150	10	0
Carlino de Sardaigne, depuis 1768...	16	056	888	49	11	0
Monnaies nouvelles, voir Italie.						
ARGENT						
Ecu ancien de 6 livres avec l'exergue : *Dux. Sabaudiæ et Montisfer. Princ. Pedem*..........................	35	170	906	7	08	1
Ecu de Sardaigne de 4 livres.........	23	485	896	4	67	6
Livre ancienne ou muta (an 1794-9-).	5	871	288	0	40	0
Monnaies nouvelles, voir Italie.)						
Pologne.						
OR						
Double d'Auguste III, an 1751.......	6	690	890	20	65	0
Sequin ou ducat de 12 florins (zlote). de 1771 à 1791	3	490	986	11	85	0
Sequin de Stanislas, an 1791........	3	468	979	11	69	4
Double de Stanislas, an 1794........	12	290	840	35	55	9

VILLES ET PAYS	Poids Métriq. Grammes.	Décigrammes. Centigramm. Milligrammes.	Tit. Mon. Millièmes.	Valeur. Francs.	Centimes.	Millièmes.
ARGENT						
Thaler de convention avec l'exergue : *Marca pura Colonien*	28	044	833	5	19	1
Ecu carré	24	061	688	3	67	0
Florin ou Gulden	»		»	1	20	7
Monnaies nouvelles, voir Russie.						
Pondichéry.						
OR						
Pagode de 25 fanams	»		»	8	31	5
ARGENT						
Roupie de 12 fanams	»		»	4	77	2
Roupie nouvelle.	»		»	2	40	0
Fanam	»		»	0	34	0
100 piast. d'Espagne = 215 roup. nouv.						
Portugal.						
OR						
Dobrao ou grand double de 5 Lisbonnines de 24000. Reis de Jean V avec la croix et l'exergue. *In hoc signo vinces*	53	548	916	168	92	0
Demi-Dobrao de 12000 Reis	26	774	916	84	47	5
Lisbonnine simple de 4800 Reis	10	710	916	33	79	0
(1/2, 1/4 en proportion.)						
Dobrao ou grand double depuis 1772, de 12800 Reis	28	680	916	90	48	8
Portuguese ou Demi-Dobrao, Peça Johanese de 6400 Reis	14	340	916	45	24	4
Pièce de 16 testones, 1600 Reis	3	585	916	11	31	1
— 8 — 800 —	1	792	916	5	66	0
Cruzado de 480 Reis	1	045	916	3	39	5
Monnaies d'or nouvelles :						
Couronne de 10,000 Reis	17	735	917	55	88	0
— 5,000 —	8	868	917	27	94	0
— 2,000 —	3	547	917	11	17	0
— 1,000 —	1	775	917	5	60	0

VILLES ET PAYS	Poids Métriq. Grammes.	Décigrammes Centigramm. Milligrammes	Tit. Mon. Milliemes.	Valeur. Francs.	Centimes.	Milliemes.
ARGENT						
Ecu de la Sphère..................	18	909	917	3	85	3
Cruzado de 480 Reis avec l'exergue : *In hoc signo vinces. an* 1750	14	605	899	2	91	8
Cruzado nouveau de 480 Reis, an 1809	14	633	903	2	94	5
Pataca du Brésil, an 1801	»		»	3	92	0
Monnaies d'argent nouvelles :						
Teston nouveau de 500 Reis.........	12	500	917	2	52	0
— de 200 Reis.........	5	000	917	1	10	0
(1/2 et 1/4 en proportion.)						
Prusse.						
OR						
Sequin ou ducat de Guillaume II (1732)	3	468	979	11	69	4
Double Frédéric avec l'aigle, an 1751 1775	13	279	904	41	34	8
Double avec l'exergue : *Pro Deo et Milite, an* 1738	13	384	915	42	18	2
Demi-Double ou Frédéric, an 1776...	6	639	899	20	55	8
Ducat de Frédéric Guillaume III (1787)	3	468	979	11	69	4
Après le traité du 24 janvier 1857 :						
Couronne........................	11	000	900	34	39	0
Demi-couronne	5	500	900	17	19	0
ARGENT						
Rixdaler de Frédéric (1764)	21	988	750	3	66	5
Thaler de Frédéric-Guillaume (1798)..	21	988	743	3	63	1
Thaler de convention	28	044	833	5	19	1
Ecu de Prusse de 2 marcs d'Hambourg	»		»	3	76	0
Thaler nouveau.	21	980	750	3	75	0
(1/2, 1/4 et 1/12 en proportion.)						
Après le traité du 24 janvier 1857 :						
Thaler double d'association	33	400	900	7	28	0
Thaler simple.....................	16	700	900	3	64	0

VILLES ET PAYS	Poids Métriq. Grammes	Poids Métriq. Décigrammes Centigramm. Milligrammes	Tit. Mon. Millièmes	Valeur. Francs	Valeur. Centimes	Valeur. Millièmes
Ragusi (DALMATIE).						
ARGENT						
Thaler avec l'exergue : *Libertas*......	29	375	604	3	94	3
Ecu ancien	28	151	569	3	56	0
Ducat ancien	13	666	450	1	37	0
Pièce de 12 grossetti	4	140	450	0	41	0
— 6 —	2	070	450	0	20	5
Monnaies nouvelles, voir Autriche.						
Rangon (EMPIRE DE BIRMAN, ASIE).						
ARGENT						
Tical ou Kyat....................	15	000	833	3	04	0
Rome.						
OR						
Sequin de Clément XIII : *En avant*..	3	425	1000	11	79	8
Moitié en proportion.						
Double de Rome et de Boulogne, de Pie VI	5	469	917	17	27	0
Double de Rome, de Pie VII	5	469	917	17	27	[illegible]
Pièce de 10 écus : 1835 *en avant*.....	17	336	900	53	60	0
(1/2 et 1/4 en proportion.)						
Ecu d'or...	1	733	900	5	36	0
Après la convention du 14 juillet 1864 : Monnaies décimales, comme France, Belgique et Italie.						
ARGENT						
Ecu ancien de 10 paoli, 100 bajocchi..	26	428	917	5	36	0
(Moitié en proportion.)						
Pièce de 3 paoli..........	7	928	917	1	61	5
— de 20 bajocchi	5	379	900	1	07	6
Paolo........	2	689	900	0	53	8
Après la convention du 18 juillet 1864 Monnaies décimales, comme France, Italie et Belgique.						

VILLES ET PAYS	Poids Métriq. Grammes	Décigrammes, Centigramm., Milligrammes	Tit. Mon. Millièmes	Valeur. Francs	Centimes	Millièmes
Russie.						
OR						
Pièces anciennes :						
Impériales de 10 roubles (1755 à 1763)	16	585	917	52	38	0
— de 5 — de Catherine II (1767)	6	479	917	20	46	4
Impériales de 5 roubles, de Paul I, an 1798..................	5	949	987	20	22	5
Impériales de 10 roubles d'Alexandre I, an 1802	12	109	988	41	20	8
Impériales simples avec l'aigle (1818).	7	038	917	22	23	0
Sequin ou ducat de Pierre le Grand et d'Elisabeth..............	3	468	971	11	59	9
Sequin de Catherine II (1763) et de Paul I (1797)................	3	468	979	11	69	9
Rouble d'or (1756)............	»		»	5	01	7
— (1799)............	»		»	3	81	3
— (1839)............	»		»	4	15	3
Poltin d'or (1777)............	»		»	1	79	3
Monnaies nouvelles, depuis 1839 :						
Impériales de 10 roubles...........	13	064	916	41	30	0
Demi-Impériales de 5 roubles	6	532	916	20	65	0
Ducat de 2 roubles	2	614	916	8	30	0
Monnaies en Platin :						
Pièce de 12 roubles..............	41	400	»	48	00	0
— 6 — (1830)............	20	700	»	24	00	0
— 3 — (1827)............	10	350	»	12	00	0
ARGENT						
Pièces anciennes :						
Rouble de Pierre le Grand avec l'aigle à deux têtes, de 100 kopechs.......	28	044	736	4	58	7
Rouble de Catherine I, an 1725......	»		»	4	45	7
Rouble de Pierre II, an 1727........	»		»	4	45	8
Rouble d'Anne avec l'aigle de deux têtes, an 1733	25	494	792	4	48	7
Rouble d'Elisabeth, an 1750.........	»		»	4	62	8

VILLES ET PAYS	Poids Métriq. Grammes.	Décigrammes. Centigramm. Milligrammes.	Tit. Mon. Millièmes.	Valeur. Francs.	Centimes.	Millièmes.
Russie (*Suite*).						
Rouble de Pierre III, an 1762........	»		»	3	99	3
Rouble de Catherine II avec l'aigle à deux têtes......................	25	017	750	4	17	0
Rouble de Paul I, an 1799...........	20	608	872	3	99	3
Rouble d'Alexandre I, an 1807.......	24	011	750	4	00	0
Rouble de 100 kopecks, depuis 1839..	24	011	750	4	00	0
Demi-Rouble de 50 kopecks...... ...	12	005	750	2	00	0
Pièce de 25 kopecks	6	002	750	1	00	0
— de 20 —	»		»	0	80	0
— de 15 —	»		»	0	60	0
— de 10 — .... :	»		»	0	40	0
— de 5 —	»		»	0	20	0
1 kopeck	»		»	0	04	0
Saxe.						
OR						
Double d'Auguste de 5 thalers (1756).	6	691	896	20	64	9
Demi-Double de Xavier (1768)... ...	6	638	896	20	48	6
Double de 10 thalers (1779, 1794)....	13	279	898	41	07	4
Sequin ou ducat (1772).............	3	468	979	11	69	5
Depuis le traité du 24 janvier 1857 :						
Couronne	11	000	900	34	39	0
Demi-Couronne..	5	100	900	17	19	0
ARGENT						
Thaler ancien de convention	28	014	833	5	19	1
Thaler nouveau..................	21	988	750	3	75	0
Double thaler (traité de 1857)........	33	400	900	7	28	0
Thaler simple.....................	16	700	900	3	64	0
Siam (ASIE, INDES-ORIENTALES).						
OR						
Tical d'or........................	»		»	25	15	0
ARGENT						
Tical d'argent....................	15	000	905	3	00	0
Mayon, 1/6 de tical...............	»		»	0	50	0
Fuang, 1/15 de tical..........	»		»	0	20	0

7 ticals = à 4 piastres d'Espagne.

VILLES ET PAYS	Poids Métriq. Grammes.	Décigrammes. Centigramm. Milligrammes.	Tit. Mon. Millièmes.	Valeur. Francs.	Centimes.	Millièmes.
Stockolm. (Voir Suède).						
Stuttgard. (Voir Wurtemberg).						
Suède.						
OR						
Sequin ou ducat double de Charles XII, avec l'exergue : *Factus est Dominus protector meus, an* 1702...	6	904	979	23	28	1
Ducat simple de Frédéric, avec l'exergue : *In deo spes mea, an* 1725, et de Frédéric-Adolphe : *Salus publica salus mea, an* 1761......	3	468	979	11	69	5
Sequin de Gustave-Adolphe.........	3	468	977	11	67	0
Après 1855 :						
Ducat d'or........................	3	470	976	11	70	0
(1/2 et 1/4 en proportion.)						
ARGENT						
Rixdaler de 48 schillings, an 1776....	29	318	875	5	70	1
Rixdaler dite Caroline, avec l'exergue : *Fadernes Landet*	19	439	688	2	97	2
Après 1855 :						
Ecu nouveau de 4 Rixdaler (100 Ore).	28	600	975	5	66	0
Rixdaler riksmynt (100 Ore).........	7	150	975	1	43	0
Suisse.						
Après la réforme monétaire de 1851 :						
(Comme France.)						
Anciennes monnaies de la République Helvétique :						
OR						
Pièce de 32 Franken, an 1799 à 1804.	15	297	904	47	63	0
— 16 — — — .	7	648	904	23	81	5

VILLES ET PAYS	Poids Métriq. Grammes.	Décigrammes. Centigramm. Milligrammes.	Tit. Mon. Millièmes.	Valeur. Francs.	Centimes.	Millièmes.
ARGENT						
Ecu de 4 Franken de 40 Batzen......	30	049	900	6	00	0
Demi-écu de 2 Franken de 20 Batzen.	15	024	900	3	00	0
Franken........................	7	513	900	1	50	0
NOTA. — Les pièces de 2 francs, 1 franc. 50 centimes et 20 centimes, frappées avant 1860, n'ont plus cours en France depuis le 31 décembre 1868.						
Toscane.						
OR						
Anciennes monnaies :						
Double de Cosime III, avec la croix et l'exergue : *Virtus est nobis Dei* (1711)	6	851	896	21	14	4
Double de la Rose.....	6	732	910	21	10	4
Ruspone de 3 sequins, avec l'exergue : *Johanne Baptista*, an 1783..........	10	473	998	36	00	3
ARGENT						
Ducat de Cosime III...............	31	211	948	6	57	5
Léopoldine de 10 paoli....						
Francescone ou Pisis, an 1796	27	230	913	5	52	5
— — an 1803 et 1807.						
Pièce de 5 livres du royaume d'Estrurie, avec l'exergue : *Domine spes mea a joventute, Florens*, an 1803...	19	652	955	4	20	0
Livre ancienne, monnaie de compte..	»		»	0	84	0
Monnaies nouvelles, après l'annexion de 1859 :						
(Comme Italie.)						
Tunis.						
OR						
Pièce de 100 piastres	19	358	900	60	29	0
(1/2, 1/4, 1/10, 1/20 en proportion.						

VILLES ET PAYS	Poids Métriq. Grammes.	Poids Métriq. Décigrammes. Centigramm. Milligrammes.	Tit. Mon. Millièmes.	Valeur. Francs.	Valeur. Centimes.	Valeur. Millièmes.
ARGENT						
Pièce de 5 piastres		»	900	3	05	0
— de 4 —		»	900	2	45	0
— de 2 —		»	900	1	23	0
— de 1 —		»	»	0	61	0
Pièce de 5 francs de France = à 8 1/2 piastres.						
Turquie.						
OR						
Monnaies anciennes :						
Sequin Zermahboud de Selim III	2	641	802	7	30	0
— du Caire, an 1773		»	»	6	91	6
— — an 1789		»	»	6	00	0
Misseier, an 1818		»	»	5	42	2
Yermerbesblek		»	»	15	67	6
Monnaies nouvelles depuis 1845 :						
Jusliks ou pièce de 100 piastres	7	205	915	22	71	0
Elliliks ou pièce de 50 piastres	3	602	915	11	35	0
ARGENT						
Pièces anciennes :						
Altmichlec de 60 paras, 1771 : *en avant*	28	822	550	3	52	0
Piastre de 40 paras = 120 aspres, 1780	18	015	550	2	60	0
Aspre = 0,016 fr.						
Para à 3 aspres = 0,049 fr.						
Monnaies nouvelles depuis 1845 :						
Jirmiliks de 20 piastres	24	050	830	4	43	5
Onliks de 10 piastres	12	025	830	2	21	7
Beschliks de 5 piastres	6	013	830	0	99	0
Ikiltiks de 2 piastres	2	405	830	0	49	5
Kirk-Paras de 1 piastre	1	202	830	0	22	9

NOTA. — Il existe beaucoup d'autres monnaies d'or et d'argent que nous n'avons pas indiquées, vu l'incertitude de leurs poids et titre, ce qui rend impossible la dénomination de leur valeur.

VILLES ET PAYS	Poids Métriq. Grammes.	Décigrammes. Centigramm. Milligrammes.	Tit. Mon. Millièmes.	Valeur. Francs.	Centimes.	Millièmes.
Venise.						
OR						
Monnaies anciennes :						
Double	6	732	910	21	10	0
Sequin	3	491	998	12	00	1
Ducat d'or	»		»	7	49	0
Osella d'or	»		»	47	83	4
ARGENT						
Gros ducat avec l'exergue : *Sanc Marcus. Venet*	31	619	948	6	66	1
Ducat avec l'exergue : *Ludovico Manin Duce. Reip. Venet*	28	468	826	5	22	5
Petit ducat : *Ducatus Venetus*	22	626	819	4	11	8
Ducat de 10 livres de Venise	28	562	823	5	22	4
Guistina avec l'exergue : *Memor ero tui Justina Virgo*	27	846	948	5	86	6
Ecu de 10 livres, an 1797	»		»	5	25	2
Livre de Venise, monnaie de compte.	»		»	0	51	0
Monnaies nouvelles, de 1814 à 1866, comme Autriche.						
Depuis l'annexion : 1866 en avant, comme Italie.						
Wurtemberg.						
OR						
Double avec l'exergue : *Virtus per ardua, an* 1735	9	560	771	25	38	8
Caroline ou florin d'or	9	744	771	25	87	0
Ducat ou sequin, depuis 1744	3	490	986	11	85	0
Après le traité du 24 janvier 1857 :						
Couronne d'or	11	000	900	34	39	0
Demi-couronne d'or	5	500	900	17	19	0
ARGENT						
Thaler ancien de convention	28	044	833	5	19	1
Florin nouveau ou Gulden	10	500	900	2	10	0

VILLES ET PAYS	Poids Métriq.		Tit. Mon.	Valeur.		
	Grammes.	Décigrammes. Centigramm. Milligrammes.	Millièmes.	Francs.	Centimes.	Millièmes.
Après le traité du 24 janvier 1857 :						
Double thaler d'association	33	400	900	7	28	0
Thaler simple	16	700	900	3	64	0
Pièce de 6 kreutzers		»	333	0	18	0
Zurig.						
OR						
Sequin ancien avec l'exergue : *Conserva nos in pace, an* 1755	3	468	983	11	74	2
Double sequin, avec l'exergue : *Iustitia et concordia, an* 1776	6	924	982	23	42	0
ARGENT						
Ecu avec l'exergue : *Moneta Reip. Turicens, an* 1776	26	570	854	5	04	2
Ecu avec l'exergue : *Conserva nos in pace*	25	193	847	4	74	2
Demi-écu ou florin	12	596	847	2	37	1
Monnaies nouvelles après la réforme monnétaire de 1851, voir Suisse.						

DEUXIÈME PARTIE

TABLES DE COMPARAISON

DES

MESURES, POIDS & MONNAIES

DES

NATIONS ET PAYS

les plus célèbres de l'antiquité

COMPARÉS

avec le nouveau système décimal français.

TABLEAU Ier

MESURES LINÉAIRES ANTIQUES

Des Egyptiens

Mesures primitives.	Mètres.	Décimètres.	Centimètres.	Millimètres.
Thèb ou doigt	0	0	1	8
Choryos, palme de 4 doigts	0	0	7	5
Teito, pan de 12 doigts	0	2	2	5
Derah, coudée royale ou sacrée de 7 palm. 28 doigts	0	5	2	5
Coudée naturelle de 24 doigts	0	4	5	0

Autres mesures suivant Erodote.

Pied de 4 palmes, de 16 doigts	0	3	0	0
Orgya (bras) de 6 pieds	1	8	0	0
Pletro ou chaîne de 100 pieds	30	0	0	0
Stadion de 600 pieds	180	0	0	0
Parasanga de 30 stadions	5400	0	0	0
Scheno de 2 parasangas	10800	0	0	0

Mesures Phileteriennes sous la domination des Ptolémée, suivant Erone.

Doigt	0	0	2	2
Palme à 4 doigts	0	0	9	0
Coudée Phileterius, Petite à 24 doigts	0	5	4	0
Coudée Phileterius, Grande à 32 doigts	0	7	2	0
Mekyas ou coudée de Nilometre du Caire	0	5	4	1
Orgya de 6 pieds	2	1	6	0
Acena ou perche de 10 pieds	3	6	0	0
Amma ou petite chaine de 60 pieds	21	6	0	0

Mesures Phileteriennes (Suite).	Mètres.	Décimètres.	Centimètres.	Millimètres.
Pletro ou grande chaîne de 100 pieds	36	0	0	0
Stadion de 100 orgyes de 600 pieds	216	0	0	0
Mille égyptien ou Phileterius, c'est-à-dire mille d'Alexandrie de 7 1/2 stadions	1620	0	0	0
Mesures hébraïques primitives.				
Etzba ou doigt	0	0	1	8
Tophap, palme de 4 doigts	0	0	7	5
Zereth ou pan de 12 doigts	0	2	2	5
Gomed, demi-coudée sacrée de 14 doigts	0	2	6	2
Amma, coudée sacrée de 7 palmes, 28 doigts	0	5	2	5
Coudée naturelle de 24 doigts	0	4	5	0
Chemin sabatique de 2000 coudées sacrées	1050	0	0	0
Depuis la captivité de Babylone.				
Palme de 4 doigts	0	0	9	0
Pied de 4 palmes	0	3	6	0
Coudée de 2 pieds de 8 palmes	0	7	2	0
Canne de Ezequielle de 6 coudées	4	3	2	0
Stadion de 300 coudées	216	0	0	0
Chemin sabatique ou mille de 2000 coudées	1440	0	0	0
Des Phéniciens, des Chaldéens et des Perses.				
Coudée royale de Babylone, de 7 palmes, 28 doigts	0	5	2	5
Chebel ou chaîne de 40 coudées	21	0	0	0
Parasanga des Perses, de 250 chebels de 10000 coudées	5250	0	0	0
Scheno de 2 parasangas persannes	10500	0	0	0
Stathma, station de 4 parasangas	21000	0	0	0
Des Chinois, sous l'empereur Wou-Wang, 1220 avant J.-C.				
Tché, pied	0	3	2	0
Pôu.... pas de 6 pieds	1	9	2	0

Mesures des Chinois (Suite).

	Mètres.	Décimètres.	Centimètres.	Millimètres.
Tchang, perche de 2 pas	3	8	4	1
Ly de 144 perches	553	1	3	7
Pôu de 10 ly de 1440 perches	5531	3	6	9
Thsan, journée de chemin de 8 pôus	44250	9	5	5

Sous l'empereur Kang-Hi, an 1662 après J.-C.

	Mètres.	Décimètres.	Centimètres.	Millimètres.
Thsum, doigt	0	0	3	2
Tché, pied de 10 doigts	0	3	2	0
Pôu, pas de 5 pieds	1	6	0	0
Tchang, perche de 2 pas de 10 pieds	3	2	0	1
Ly de 180 perches	576	1	8	4
Pôu de 10 ly	5761	8	3	9
Thsan de 8 pôus	46094	7	1	6

Des Grecs.

	Mètres.	Décimètres.	Centimètres.	Millimètres.
Dactylos ou doigt	0	0	1	8
Palesta ou Doren, palme de 4 doigts	0	0	7	5
Spithama, pan (3/4 du pied)	0	2	2	5
Pôu, pied du peloponens de 4 palmes, 16 doigts	0	3	0	0
Pecus, coudée de 1 1/2 pied de 24 doigts	0	4	5	0
Bêma aploun, demi-pas géométrique de 2 1/2 pieds	0	7	5	0
Bêma diploun, pas géométrique de 5 pieds	1	5	0	0
Orgya ou canne de 6 pieds	1	8	0	0
Acena, perche de 10 pieds	3	0	0	0
Amma petite chaîne de 60 pieds	18	0	0	0
Pletron, grande chaîne de 100 pieds	30	0	0	0
Stadion ou stade de 600 pieds	180	0	0	0

Mesures linéaires attiques.

	Mètres.	Décimètres.	Centimètres.	Millimètres.
Pied olympique de 4 palmes, de 16 doigts	0	3	0	8
Coudée de 1 1/2 pied de 21 doigts	0	4	6	3
Stadion ou stade olympique de 400 coudées de 600 pieds	485	1	8	5
Hippicon (course de chevaux) de 4 stades	740	7	4	0

Des Romains.

	Mètres.	Décimètres.	Centimètres.	Millimètres.
Scrupulum ou Scripulum (scrupule) 1/24 de l'once 1/128 du pied	0	0	0	1
Sextula 1/6 de l'once = à 4 scrupules	0	0	0	4
Sicilicus, 1/4 de l'once = à 6 scrupules	0	0	0	6
Digitus (doigt) 1/16 du pied = 18 scrupules	0	0	1	8
Uncia (once) 1/12 du pied. 1 1/3 du doigt = 24 scrupules	0	0	2	4
Palmus minor (petite palme) de 3 onces = 4 doigts	0	0	7	4
Palmus mayor, spithama (grande palme de 9 onces de 12 doigts	0	2	2	2
Pes, Pied de 12 onces de 16 doigts	0	2	9	6
Gressus, pas simple de 2 1/2 pieds	0	7	4	0
Passus, double, ou pas géométrique de 5 pieds	1	4	8	1
Décempeda, perche de 10 pieds	2	9	6	3
Actus, chaîne de 12 perches de 120 pieds	35	5	5	5
Stadium (stade) de 125 pas géométriques = à 625 pieds	185	1	8	5
Milliarium seu Milliare, mille de 8 stades = à 1000 pas géométriques	1481	4	8	1
Diaeta, voyage de 1 jour, de 200 stades, de 25 milles romains, 20 milles géographiques	37037	0	3	7
Leuca gallica minor, petite lieue des Gaules, de 1 1/2 mille romain de 12 stades, de 1500 pas géométriques	2222	2	2	2
Leuca gallica mayor, grande lieue des Gaules, = à 2 milles romains =2000 pas géométriques	2962	9	6	3
Leuca germanica, Rast des anciens allemands de 2 petites lieues gauloises = 3 milles romains.	4444	4	4	4

Des Arabes.

	Mètres.	Décimètres.	Centimètres.	Millimètres.
Assbaa, doigt de 6 grains	0	0	2	0
Cabda, palme de 4 doigts	0	0	8	0
Pied de 4 palmes = 16 doigts	0	3	2	0
Deraga, coudée achemique ou de Omar, de 2 pieds, de 8 palmes, de 32 doigts	0	6	4	1
Kathouah, pas de 6 coudées de 6 pieds	1	9	2	4
Cassaba (canne) de 3 coudées de 12 pieds	3	8	4	9
Catena de 10 cannes, de 60 coudées	38	4	9	6

Des Arabes (Suite).

	Mètres.	Décimètres.	Centimètres.	Millimètres.
Mille de 3000 coudées	1924	8	0	0
Parasanga de 3 milles	5773	4	0	0
Marhala (journée de chemin) de 8 parasangas = 24 milles	46187	2	0	0
Coudée noire du Calife Almamoun, de 27 doigts	0	5	4	1
Mille de 4000 coudées noires	2165	4	0	0
Deraga Cabda (coudée arabe du Xe siècle de l'ère chrétienne) de 24 doigts	0	4	8	1
Schibr (pan de 12 doigts)	0	2	4	0
Kathouah, double pas de 4 coudées	1	9	2	4
Mille de 1000 doubles pas	1924	8	0	0

Des Indes-Orientales

Dans le XIIIe siècle de l'ère chrétienne.

	Mètres.	Décimètres.	Centimètres.	Millimètres.
Yava (longueur transversale d'un grain d'orge)	0	0	0	3
Angula (pouce) de 8 grains	0	0	2	6
Asta (coudée de 24 pouces)	0	6	4	1
Danda (bras de 4 coudées)	2	5	6	6
Vansa, perche de 10 coudées	6	4	1	6
Cos ou Krosa de 2000 bras	5132	8	0	0
Yojana de 4 cos	20531	2	0	0

MESURES ITINÉRAIRES ARTIQUES

COMPARÉES AVEC LE KILOMÈTRE

Mesures diverses.	Milles métriques ou kilomètres.	Hectomètres.	Décamètres.	Mètres.	Décimètres.
Petit Asparez d'Arménie 1/10 de mille arménien	0	2	1	6	0
Grand Asparez d'Arménie. 1/7 de mille	0	3	0	8	6
Chemin sabbatique de Pentateutique	1	0	5	0	0
Chemin sabbatique dep. la captivité de Babylone	1	4	4	0	0
Cos indien ou Krosa	5	1	3	2	8
Dolichos de Syrie	2	5	9	2	0
Petite lieue des Gaules	2	2	2	2	2
Grande —	2	9	6	3	0
Lieue germanique (Rast)	4	4	4	4	4
Ly chinois	0	5	5	3	1
Mille arabe d'Ahmamoun	2	1	6	5	4
— d'Omar	1	9	2	4	8
Mille arménien	2	1	6	0	0
Mille hébraïque depuis la captivité de Babylone.	1	4	4	0	0
Mille égyptien ou Phileterius (mille d'Alexandrie)	1	6	2	0	0
Mille grec ou italien (de la magna Grece)	1	5	0	0	0
Mille romain	1	4	8	1	5
Mille syriaque	1	6	2	0	0
Parasanga des Arabes	5	7	6	0	0
— des Arméniens	6	4	8	0	0
— des Chaldéens	5	2	5	0	0
— des Perses	5	7	6	0	0
Pôu chinois	5	5	3	1	4
Scheno primitif	10	5	0	0	0
Scheno égyptien, suivant Erone	6	4	8	0	0
Stade d'Alexandrie ou Phileterius	0	2	1	6	0
— Delphicus ou Pitius	0	1	4	8	1
— hébraïque	0	2	1	6	0
— macédonique ou d'Aristote	0	1	0	0	0
— grecque de la magna Grèce	0	1	8	0	0
— olympique	0	1	8	5	2
Stathma syriaque	0	9	7	2	0
Stathma persanne	2	1	0	0	0
Thsan chinois	44	2	5	1	0
Yojana des Indes-Orientales	26	5	3	1	2

TABLEAU II

MESURES DE SUPERFICIES AGRAIRES ANTIQUES

Des Egyptions	Ares ou décimètres carrés	Centiares ou mètres carrés	Décimètres carrés
Coudée royale carrée	0	0 0	2 8
Coudée naturelle carrée	0	0 0	2 0
Aroura de 10000 coudées naturelles carrées, suivant Erodoto	20	2 5	0 0
Mesures Phileteriennes, suivant Erone.			
Pied Phileterius carré	0	0 0	1 3
Orgya carré	0	0 4	6 7
Petit Socarion de 100 orgyas carrés. (Mesure des champs)	4	6 6	5 6
Grand Socarion de 144 orgyas carrés. (Mesure des terrains entre l'enceinte des villes)	6	7 1	8 5
Des Hébreux.			
Coudée sacree carrée	0	0 0	2 8
Coudée naturelle carrée	0	0 0	2 0
Beth roba, 1/24 du Bethsea	0	1 3	5 0
Beth cabum, 1/6 du Bethsea	0	5 4	0 0
Bethsea Arée carré, ayant pour côté 40 coudées naturelles, c'est-à-dire 18 mètres linéaires	3	2 4	0 0
Beth lethech de 15 Bethsea	48	6 0	0 0
Beth coron de 30 Bethsea	97	2 0	0 0
Des Grecs.			
Pied primitif carré	0	0 0	0 9
Plethron carré de 10000 pieds carrés	9	0 0	0 0

Mesures de superficies attiques.	Ares ou décimètres carrés.	Centiares ou mètres carrés.	Décimètres carrés
Pied olympique carré	0	0 0	1 0
Plethron attique carré, de 10000 pieds olympiq. carrés	9	5 2	5 9
Stadion olympique carré de 36 plethrons carrés	342	9 3	1 1

Des Romains.

Pied carré	0	0 0	0 9
Décempeda carrée ou perche carrée de 100 pieds carrés	0	0 8	7 8
Actus minor de 480 pieds carrés	0	4 2	1 4
Clima de 36 perches carrées de 3600 pieds carr.	3	1 6	0 5
Actus mayor, Actus quadratus, modius agri, de 144 perches	12	6 4	2 0
Ingerum, actus mayor duplicatus de 288 perches	25	2 8	3 9
Hæredium de 2 Jugeres	50	5 6	7 8
Centuria de 100 æredium, de 200 Jugeres	5056	7 8	0 0
Saltus de 4 centurias, de 800 Jugeres	20227	1 2	0 1

Des Arabes.

Deraga carrée	0	0 0	4 1
Cassaba carrée, de 36 deragas carrées	0	1 4	8 2
Chaîne carrée de 100 cassabas carrées	14	8 1	9 4
Fedan de 400 cassabas carrées	59	2 7	7 7

Des Indes-Orientales.

Hasta carrée	0	0 0	4 1
Vansa carrée de 100 hastas carrées	0	4 1	1 7
Nivartana de 400 vansas carrées	164	6 6	0 2

TABLEAU III

MESURES ANTIQUES DES VOLUMES ET DE CAPACITÉ

Des Egyptiens

Mesures primitives.

	Décimètres cubiq. ou litres.	Décilitres.	Centilitres.	Millilitres.
Coudée royale cubique	144	7	0	3
Coudée naturelle cubique	91	1	2	5
Mesures pour les liquides et pour les grains.				
Demi-coudée royale cubique	18	0	8	8
Demi-coudée naturelle cubique	11	3	9	1
Mesures Phileteriennes.				
Pied Phileterius cubique	46	6	5	6
Grande metreta	46	6	5	6
Petite Metreta, 3/4 de la grande metreta	34	9	9	2

Des Hébreux

Mesures primitives.

	Décimètres cubiq. ou litres.	Décilitres.	Centilitres.	Millilitres.
Coudée sacrée cubique	144	7	0	3
Coudée naturelle cubique	91	1	2	5
Mesures des liquides.				
Cos, 1/432 du bath	0	0	4	2
Rebiita, de 1 1/2 cos	0	0	6	3
Log de 4 rebiites, de 6 cos	0	2	5	1
Hin de 12 log	3	0	1	5
Bath de 6 hins	18	0	8	8
Cor ou Chomer de 10 baths	180	8	7	9

Après la captivité de Babylone.	Décimètres cubiq. ou litres.	Décilitres.	Centilitres.	Millilitres.
Bathim ou petit bath	11	3	9	1
Mesures des grains.				
Log, 1/72 de l'epha	0	2	5	1
Cab de 4 logs	1	0	0	5
Gomor de 1, 8 cabs	1	8	0	9
Sat de 3, 3 gomors	6	0	2	9
Sephel de 1, 5 sats	9	0	4	4
Epha de 2 sephels	18	0	8	8
Nebel de 3 ephas	54	2	6	4
Lethech de 5 ephas	90	4	4	0
Cor ou Chomer de 10 ephas	180	8	7	9
Après la captivité de Babylone.				
Grande Artaba (pied Philetorien cubique de 4 sats, 8 vœba de 128 cadaas)	46	6	5	6
Petite Artaba (3/4 de la grande arraba, de 3 sats, 6 vœbas, de 96 cadaas	34	9	9	2
Mesures des liquides.				
Cos, 1/432 de bath	0	0	8	1
Rebeiite, de 1 1/2 cos	0	1	2	2
Cadaa de 3 rebiittes	0	3	6	5
Log, 1/72 de bath	0	4	8	6
Hin ou vœba de 12 logs	5	8	3	2
Bathim (petit bath) de 2 hins	11	6	6	4
Bath (petite artaba) de 6 hins	34	9	9	2
Cor ou Chomer de 10 baths	349	9	2	0
Mesures des grains.				
Log, 1/72 de bath	0	4	8	6
Cab de 4 logs	1	9	4	4

Mesures des grains (Suite).	Décimètres cubiq. ou litres.	Décilitres.	Centilitres.	Millilitres.
Gomor de 8 cabs	3	4	9	9
Sat, 1/3 de bath	11	6	6	4
Sephel de 1 1/2 sat	17	4	9	6
Epha de 2 sephels, de 3 sats	34	9	9	2
Nebel de 3 ephas	104	9	7	6
Lathech de 5 ephas	174	9	6	0
Cor ou Chomer de 10 ephas	349	9	2	0

Des Grecs.

Pied primitif cubique	27	0	0	0
Pied olympique cubique	29	4	0	1

Mesures des liquides.

Cyathos, 1/6 du cotyle	0	0	4	5
Oxybafon, 1/4 du cotyle	0	0	6	8
Cotyle	0	2	7	0
Xestes de 2 cotyles	0	5	4	0
Chous de 6 xestes, de 12 cotyles	3	2	4	0
Amphoreus de 6 chous, de 72 cotyles	19	4	4	0
Metretes de 100 cotyles	27	0	0	0

Mesures des grains.

Cotyle	0	2	7	0
Chenix de 4 cotyles	1	0	8	0
Emiechton de 16 cotyles	4	3	2	0
Echteus de 32 cotyles	8	6	4	0
Triteus de 64 cotyles	17	2	8	0
Medimnos de 192 cotyles	51	8	4	0

Des Romains.

Pied cubique	26	0	1	2

Mesures des liquides.	Décimètres cubiq. ou litres.	Décilitres.	Centilitres.	Millilitres.
Ligula, seu Cochlear, 1/4 du cyathus	0	0	1	1
Cyathus de 4 ligules	0	0	4	5
Acetabulum de 6 ligules	0	0	6	8
Quartarius de 12 ligules	0	1	3	5
Hemina de 24 ligules	0	2	7	0
Sextarius de 48 ligules	0	5	4	0
Congius de 6 sextarios, de 288 ligules	3	2	4	0
Urna de 4 congios	12	9	6	0
Amphora Cadux, Metreta de 8 congios	25	9	2	0
Culeus de 20 amphoras	518	4	0	0
Dolium sesquiculeare de 30 amphoras	777	6	0	0
Mesures des grains.				
Hemina ou mina	0	2	7	0
Semodius de 16 minas	4	3	2	0
Modius (boisseau de 32 minas)	8	6	4	0
Demensum de 4 modios (boisseaux)	34	5	6	0

Des Arabes.

Deraga cubique	264	1	1	5
Mesures pour les liquides et pour les grains.				
Cymba 1/6 de la cadaa	0	2	3	0
Cadaa ou kaledie	1	3	7	6
Saa ou saga de 2 cadaas	2	7	5	1
Macuca ou makouk de 3 cadaas	4	1	2	7
Ouebye ou vœba, de 6 cadaas	8	2	5	3
Koull de 12 cadaas	16	5	0	7
Cuphiz de 24 cadaas	33	0	1	4
Artaba de 48 cadaas	66	0	2	9
Den ou cor, de 4 artabas, 192 cadaas	264	1	1	5

Des Indes-Orientales

Hasta cubique	264	1	1	5

TABLEAU IV

POIDS ANTIQUES

Des Egyptiens

Poids primitifs.

	Kilogrammes	Hectogramm.	Décagrammes	Grammes.	Décigrammes	Centigramm.	Milligrammes
Talent de 3000 sicli (poids d'une demi-coudée royale d'eau pure...	18	0	8	7	8	9	1

Poids Phileteriens ou des Ptolémée.

	Kilogrammes	Hectogramm.	Décagrammes	Grammes.	Décigrammes	Centigramm.	Milligrammes
Grand talent d'Alexandrie, de 50 mines, de 125 livres, de 1500 onces, de 3000 siclos (poids d un pied cubique phileterius d'eau pure)..	46	6	5	6	0	0	0
Obolus, 1/480 de la livre	0	0	0	0	7	7	8
Dramma de 5 oboles....................	0	0	0	3	8	8	8
Didramma de 10 oboles	0	0	0	7	7	7	6
Tetradramma ou siclo de 20 oboles	0	0	1	5	5	5	2
Once de 2 siclos	0	0	3	1	1	0	4
Livre de 12 onces = 24 siclos	0	3	7	3	2	4	8
Mina de 2, 5 livres de 60 siclos	0	9	3	3	1	2	0
Grand talent de 50 mines, 3000 siclos......	46	6	5	6	0	0	0

	Kilogrammes	Hectogramm.	Décagrammes	Grammes.	Décigrammes	Centigramm.	Milligrammes
Petit talent d'Alexandrie de 60 mines = 100 petites livres, 1200 onces, de 3000 siclos (poids d'une metretæ phileteriæ d'eau pure)	34	9	9	2	0	0	0
Dramma, 1/100 de la mine	0	0	0	5	8	3	2
Siclo de 2 drammes....................	0	0	1	1	6	6	4
Once de 2, 5 siclos	0	0	2	9	1	6	0
Livre de 12 onces......................	0	3	4	9	9	2	0
Mina de 20 onces............	0	5	8	3	2	0	0

Des Hébreux

Poids primitifs.

	Kilogrammes	Hectogramm.	Décagrammes	Grammes.	Décigrammes	Centigramm.	Milligrammes
Gerab ou obulus........................	0	0	0	0	3	0	1
Schekel (siclo de 20 oboles)	0	0	0	6	0	2	9
Kiccher (talent de 3000 siclos........	18	0	8	7	8	9	1

Nota. — L'opinion de plusieurs écrivains est que le peuple hébraïque, de retour de la captivité de Babylone, a adopté pour la détermination des poids le petit talent d'Alexandrie, ainsi que ses sous-multiples.

Des Chaldéens.

	Kilogrammes	Hectogramm.	Décagrammes	Grammes.	Décigrammes	Centigramm.	Milligrammes
Talent asiatique de 50 mines, de 5000 dram.	18	0	8	7	8	9	1
Talent babylonique de 60 mines, de 6000 dram.	21	7	0	5	4	6	9

Des Grecs.

	Kilogrammes	Hectogramm.	Décagrammes	Grammes.	Décigrammes	Centigramm.	Milligrammes
Sitarion (grain)	0	0	0	0	0	4	5
Chalcous de 1 1/2 sitarions................	0	0	0	0	0	6	8
Emiobolion de 4 chalcous............ ...	0	0	0	0	2	7	0
Obolos de 2 emiobolions	0	0	0	0	5	4	0
Drachme de 6 obolos	0	0	0	3	2	4	0
Mna de 100 drachmes	0	3	2	4	0	0	0
Talanton (talent) de 60 mnas	19	4	4	0	0	0	0

Poids attiques sous Périclès.

	Kilogrammes	Hectogramm.	Décagrammes	Grammes.	Décigrammes	Centigramm.	Milligrammes
Sitarion (grain)............	0	0	0	0	0	6	0
Chalcous de 1 1/2 sitarions	0	0	0	0	0	9	1
Ceration de 4 sitarions	0	0	0	0	2	4	2
Emiobolion de 6 sitarions..	0	0	0	0	3	6	3
Thermos de 2 cerations	0	0	0	0	4	8	3
Obolos de 1 1/2 thermos.........	0	0	0	0	7	2	5
Gramma de 2 obolos.	0	0	0	1	4	5	0
Drachme de 3 grammes...............	0	0	0	4	3	5	1
Mna de 100 drachmes	0	4	3	5	1	1	6
Talanton (talent) de 60 mnas	26	1	0	6	9	6	0

Autres poids grecs.	Kilogrammes	Hectogramm.	Décagrammes	Grammes.	Décigrammes	Centigramm.	Milligrammes
Petit talent attique	20	2	5	0	0	0	0
Talent Italique de la magna Grèce	32	4	0	0	0	0	0
Talent d'Egine	45	0	0	0	0	0	0

Des Romains.

	Kilogrammes	Hectogramm.	Décagrammes	Grammes.	Décigrammes	Centigramm.	Milligrammes
Scripulum (ou scrupule)	0	0	0	1	1	3	3
Sextula de 4 scrupules	0	0	0	4	5	3	2
Sicilicus de 6 scrupules	0	0	0	6	7	9	9
Duella de 8 scrupules	0	0	0	9	0	6	5
Semuncia de 12 scrupules	0	0	1	3	5	9	7
Uncia de 24 scrupules	0	0	2	7	1	9	5
Sescuncia de 1 1/2 onces	0	0	4	0	7	9	2
Sextans de 2 onces	0	0	5	4	3	9	0
Quadrans Teruncius de 3 onces	0	0	8	1	5	8	4
Triens de 4 onces	0	1	0	8	7	7	9
Quincunx de 5 onces	0	1	3	5	9	7	4
Semissis ou Sembella de 6 onces	0	1	6	3	1	6	9
Septunx de 7 onces	0	1	9	0	3	6	3
Bes de 8 onces	0	2	1	7	5	5	8
Dodrans de 9 onces	0	2	4	4	7	5	3
Dextans de 10 onces	0	2	7	1	9	4	8
Deunx de 11 onces	0	2	9	9	1	4	2
As, Assarius, livre ou pondus de 12 onces, de 288 scrupules	0	3	2	6	3	3	7
Dipondium ou dupondium de 2 livres	0	6	5	2	6	7	4
Tressis de 3 livres	0	9	7	9	0	1	1
Quadrussis de 4 livres	1	3	0	5	3	4	8
Quincussis de 5 livres	1	6	3	1	6	8	5
Decussis de 10 livres	3	2	6	3	3	7	0
Vigessis de 20 livres	6	5	2	6	7	4	0
Centussis, centumpondium de 100 livres	32	6	3	3	7	0	0

Des Arabes.

	Kilogrammes	Hectogramm.	Décagrammes	Grammes.	Décigrammes	Centigramm.	Milligrammes
Chabba (grain)	0	0	0	0	0	6	4
Tassoudj de 2 chabbes	0	0	0	0	1	2	7
Kirat de 4 chabbes	0	0	0	0	2	5	4
Danik de 8 chabbes	0	0	0	0	5	0	9

Des Arabes (Suite).

	Kilogrammes	Hectogramm.	Décagrammes	Grammes.	Décigrammes	Centigramm.	Milligrammes
Onolosat (obulus) de 12 chabbes	0	0	0	0	7	6	4
Dirham (dramme) de 4 onolosats	0	0	0	3	0	5	6
Cheky de 100 dirhams (drammes)	0	3	0	5	5	5	6
Yusdroman (livre) de 120 dirhams	0	3	6	6	6	6	7
Ratl de 2 cheky	0	6	1	1	1	1	1
Menna (mine) de 2 yusdromans	0	7	3	3	3	3	3
Oka de 4 cheky	1	2	2	2	2	2	2
Batman de 8 okes	9	7	7	7	7	7	7
Artaba (quintal) de 54 okes	66	0	0	0	0	0	0

Des Indes-Orientales.

	Kilogrammes	Hectogramm.	Décagrammes	Grammes.	Décigrammes	Centigramm.	Milligrammes
Yava (grain)	0	0	0	0	0	4	3
Gunja de 2 grains	0	0	0	0	0	8	7
Valba de 7 grains	0	0	0	0	1	7	4
Masha de 10 grains	0	0	0	0	4	3	4
Tanca de 24 grains	0	0	0	1	0	4	2
Dharana de 32 grains	0	0	0	2	4	3	1
Gadyanaca de 64 grains	0	0	0	2	7	7	8
Tola de 96 grains	0	0	0	4	1	7	8
Carsha de 160 grains	0	0	0	6	9	4	4
Seta de 336 grains	0	0	1	4	5	8	3
Pala de 640 grains	0	0	2	7	7	7	8
Mana de 13,440 grains	0	5	8	3	3	3	0

TABLEAU V

MONNAIES ANTIQUES

Des Egyptiens.

		Francs.	Centimes. Milliemes.
Talent primitif de 3000 siclos.......	d'or......	45528	000
	d'argent..	3794	000
Siclo primitif......................	d'or......	15	180
	d'argent..	1	260
Grand talent d'Alexandrie ou Phileterius de 50 mines...............	d'or......	119232	000
	d'argent..	9936	000
	de cuivre.	82	800
Mine de 50 siclos ou Tetradramme ...	d'or......	2384	640
	d'argent..	198	720
	de cuivre.	1	660
Siclo ou Tetradramme.......	d'or......	39	740
	d'argent..	3	310
Didramme ou Stater.........	d'or......	19	870
	d'argent..	1	660
Dramme ou Denier de 5 oboles	d'or......	9	940
	d'argent..	0	830
Obolus (monnaie de cuivre) de 12 assarions. . . .		0	170
Assarion de 2 leptons ou prutahs...............		0	010
Petit talent d'Alexandrie (Phileterius)	d'or......	89424	000
	d'argent..	7452	000
	de cuivre.	62	100

NOTA. — Il est bien clair que toutes les monnaies qui dépassent celles qui peuvent être frappées, sont de quantités nominatives n'ayant aucune valeur réelle.

Des Hébreux

Avant la captivité de Babylone.

		Francs.	Centimes. Millièmes.
Talent de Moïse (Kiccar de 3000 siclos)	d'or.	45528	000
	d'argent..	3794	000
Siclo du sanctuaire (Selah)	d'or......	15	180
	d'argent..	1	260
Obolus (Gerah)..........		0	060

Après la captivité de Babylone.

		Francs.	Centimes. Millièmes.
Petit talent...........	d'or......	89424	000
	d'argent..	7452	000
	de cuivre.	62	100
Grand talent (Kiccar de 50 mines)....	d'or......	119232	000
	d'argent..	9936	000
	de cuivre.	82	800
Mina (Minah, mna) de 60 siclos	d'or	39	740
	d'argent..	3	310
Didrammas d'or ou stater.....................		19	780
— d'argent ou Bekah		1	660
Dramma d'or......		9	940
— d'argent ou Rebah		0	830
Obulus de 12 assarions ou prutah...............		0	170

Des Perses.

	Francs.	Centimes. Millièmes.
Daricus, monnaie d'or frappée sous Darius, fils d'Istaspes	19	170

Des Grecs

Avant Solon.

		Francs.	Centimes. Millièmes.
Grand talent attique de 60 g. mines.	d'or......	71875	000
	d'argent..	5750	000
	de cuivre.	47	920

Des Grecs (Suite).

		Francs.	Centimes. Millièmes.
Grande mine de 100 drammes	d'or......	1197	920
	d'argent..	95	830
	de cuivre.	0	800
Tetradramma d'argent ou *Stater argenteus*. Noctua ou *Nummus atticus argenteus*.................		3	830
Didramma (2 drammes).....		1	920
Dramma de 6 obolos.....................		0	960
Tetrobolus de 4 obolos............		0	640
Diobolus de 2 obolos		0	320
Obolus		0	160
Emiobolus de 1/2 obolus.....................		0	080
Après Solon.			
Petit talent attique de 60 petites mines	d'or	43125	000
	d'argent..	4312	500
	de cuivre.	35	940
Petite mine de 100 drammes........	d'or......	718	750
	d'argent..	71	870
	de cuivre.	0	600
Stater aureus. Daricus aureus		19	170
Petit tetradramme d'argent............		2	870
Didramme d'argent.		1	440
Dramme d'argent		0	720
Calcus, monnaie de cuivre		0	020
Talent d'Egine.....................	d'or......	95833	330
	d'argent..	9583	330
	de cuivre.	79	860
Talent italique de la Magna Grèce ou Miriada	d'or......	69000	000
	d'argent..	6900	000
	de cuivre.	57	500

Des Romains

I

Depuis la fondation de Rome (754 ans avant Jésus-Christ) jusqu'à l'an 490 de Rome.

MONNAIES DE CUIVRE

		Francs.	Centimes. Millièmes.
As libralis, Aes grave, pesant 1 livre romaine de 12 onces..................................		0	181

Des Romains (Suite).

	Francs.	Centimes. Millièmes.
Semissis, 1/5 as libralis, 6 onces	0	091
Triens, 1/3 as libralis, 4 onces	0	060
Quadrans, 1/4 as libralis, 3 onces	0	045
Sextans, 1/6 as libralis, 2 onces	0	030
Uncia, 1/12 as libralis, 1 once	0	015
Dupondius de 2 as libralis	0	363
Sextertius de 2 1/2 as libralis	0	453
Quadrussis de 4 as libralis	0	726

MONNAIES D'ARGENT

Frappées l'an de Rome 485 (269 ans avant J.-C).

Denarius Nummus argenteus, (équivalent à 10 as liberis de cuivre)	1	831
Quinarius, 1/2 denarius, 5 as liberalis	0	907
Sextertius, 1/4 du denarius, 2 1/2 as liberalis	0	453
Libella, 1/10 du denarius, 1 as liberalis	0	181
Sembella, 1/20 de denarius, 1/2 as liberalis	0	091
Teruncius, 1/40 du denarius, 1/4 as liberalis	0	045

II

Depuis l'an 490 de Rome jusqu'à l'an 537 avant J.-C.

MONNAIES DE CUIVRE

As sextantarius (pesant 2 onces)	0	086
Sextertius de 2 1/2 as sextantarios	0	216

MONNAIES D'ARGENT

Denarius, (équivalent à 10 as sextantarios)	0	863
Quinarius, 1/2 du denarius	0	432

III

Depuis l'an de Rome 537 jusqu'à la promulgation de la loi Papiria, an 562 (192 avant J.-C).

MONNAIES DE CUIVRE

As uncialis (pesant 1 once)	0	054
Sextertius	0	216

MONNAIES D'ARGENT	Francs.	Centimes.	Millièmes.
Denarius, équivalent à 16 as unciales	0	8 6	3
Victoriatus, 1/2 du denarius.....	0	4 3	2
MONNAIES D'OR Frappées l'an de Rome 547.			
Scrupulum auri, équivalent à 5 denarios d'argent, ou à 20 sextertios.	4	3 1	5

IV

Depuis l'an de Rome 562, jusqu'à l'an 707 (47 ans avant J.C.).

MONNAIES DE CUIVRE			
As semuncialis, as papirius, pesant 1/2 onces....	0	0 5	0
Sextertius de 4 asses semunciales..	0	2 0	0
MONNAIES D'ARGENT			
Denarius, équivalent à 16 onces semunciales.....	0	8 0	0
Victoriatus, 1/2 du denarius...	0	4 0	0
MONNAIES D'OR			
Scrupulum auri de 5 denarios d'argent..........	4	0 0	0
Aureus, Nummus aureus, de 5 scrupulos d'or, de 25 denarios d'argent.....	20	0 0	0
Sestertium pondus (monnaie nominale de 1000 sestertios ou 250 dernarios argenteos..........	200	0 0	0
Talentum de 6000 denarios d'argent............	4800	0 0	0
Talentum atticum (évalué par les Romains à 80 livres d'argent pur.....	5520	0 0	0

NOMS DES MONNAIES	Sous les Empereurs									
	César.		August.		Tiber.		Néron.		Aur. G.	
	Francs.	Centimes. Millièmes.	Francs.	Centimes. Millièmes.	Francs.	Centimes. Millièmes.	Francs.	Centimes. Millièmes.	Francs.	Centimes. Millièmes.
As, monnaie de cuivre...	0	070	0	067	0	066	0	063	0	062
Sextertius, de 4 asses....	0	279	0	269	0	266	0	254	0	249
Denarius argenteus, de 4 Sextertios	4	118	4	076	4	063	4	017	0	997
Aureus, de 25 denarios. .	27	946	26	891	26	564	25	417	24	926

Sous Constantin-le-Grand et ses successeurs,

jusqu'à la fin de l'Empire Romain en Occident (l'an 476 de l'ère chrétienne).

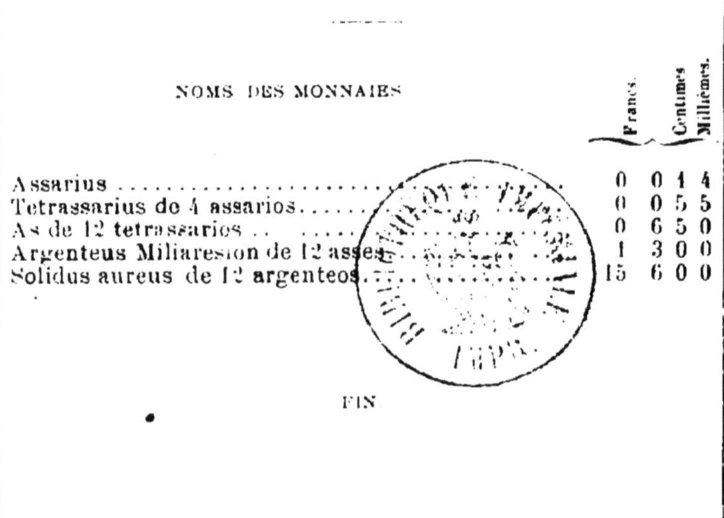

NOMS DES MONNAIES	Francs.	Centimes.	Millièmes.
Assarius	0	0 1	4
Tetrassarius de 4 assarios...........	0	0 5	5
As de 12 tetrassarios	0	6 5	0
Argenteus Miliaresion de 12 asses.....	1	3 0	0
Solidus aureus de 12 argenteos........	15	6 0	0

FIN

TABLE DES MATIÈRES

Première Partie.

Deuxième Partie.

MESURES LINÉAIRES ANTIQUES

MESURES SUPERFICIELLES ANTIQUES

MESURES ANTIQUES DE VOLUME ET DE CAPACITÉ

POIDS ANTIQUES

MONNAIES ANTIQUES

MARSEILLE. — IMP. COM. J. DOUCET, RUE MOUSTIERS, 7.

www.ingramcontent.com/pod-product-compliance
Ingram Content Group UK Ltd.
Pitfield, Milton Keynes, MK11 3LW, UK
UKHW022025170726
13837UKWH00001B/398

9 782329 313481